健康花草

家用宝典

陈 裕 罗小正 编著

农村读物出版社

王远提供

目 录

1. 五更欠声啼——鸡冠花

简介

鸡冠花，别名：鸡公花、红鸡冠、凤尾花、洗手花、鸡冠海棠、芦花鸡冠等，鸡冠花的大花葶实际上并不是一朵花，而是一个大的扁平肉质花序，花序上部呈羽状而光彩夺目，中下部由许多干膜状小花聚生组成。秋天低温或遭风吹雨淋，花姿不减，花色不褪，与众不同。有红、黄、紫、白、橙色及复色等，花期 7 ～ 10 月。原产印度和亚洲热带地区，我国栽培历史悠久，早在隋唐时已在宫廷中栽种观赏，到宋代已普及，被誉为神圣之花。主要品种有：扫帚鸡冠、扇面鸡冠、璎珞鸡冠、鸳鸯冠、寿星鸡冠、青葙等。鸡冠花性喜高温、日照、干燥气候，较耐旱，不耐寒，怕霜冻，怕涝，喜深厚肥沃、湿润弱酸性的砂质土壤，适宜 pH 5 ～ 6，忌黏性土壤。喜阳光充足，空气流通，栽培适温为昼温 21 ～ 24℃，夜温 15 ～ 18℃。自播力强，生性不娇，易栽培，生命力可保持 4 ～ 5 年。异花受粉植物，品种间极易天然受粉留种，需隔离栽培。

养诀

鸡冠花以播种繁殖。采种时应选成熟大型花序中下部饱满的种子。营养土按园土、腐叶土、河沙、有机肥比例 4 ∶ 3 ∶ 2 ∶ 1 配制混匀，经消毒后，于 4 ～ 5 月播种。种子伴少量细沙均匀撒播露地苗床或盆钵，盖层薄土，以不见种子为度，细眼喷壶喷水湿润，忌潮湿，播后遮阴。在 20 ～ 25℃，7 ～ 10 天出苗。1 对真叶间苗，间距 10 厘米 ×10 厘米。苗期摘除全部腑芽，淘汰长势过强苗，半月后施稀薄饼肥水，加 0.1%磷酸二氢钾。3 ～ 4 片叶带土球移植。露地定植宜选地势高燥向阳处，高畦栽种，株距 40 厘米左右，忌黏湿性土壤与连作；北方地区应在终霜后半月左右定

植，待7～10片叶后摘心，促进分枝，多开花。盆栽以在花期从地栽中选中型择优栽植，每盆种1株，基肥施少量腐熟禽粪。栽时稍深，以叶子近盆土面，浇水遮阴。生长前期要控制肥水，多照射阳光。常移动盆的方向，防长偏及主根伸出盆外。浇水以润为主，干湿适中，盛夏需在早晚充分灌水，并向周围及叶面喷水；雨季排水防涝，花后控水。花序膨大，每隔10天追施一次稀薄复合肥，连续2～3次，并结合松土除草。生长期有蚜虫为害，可用40%乐果乳油2 000倍液喷杀。苗期易发生立枯病，用50%代森锌可湿性粉剂300倍液喷洒。

妙用

鸡冠花花序硕大，花期长。在庭院地栽，点缀景色十分美丽。矮中型宜作花坛、草地镶边及盆栽入室；高型用于花境、花坛中心或切花使用。且水养持久。制成干花，经久不凋。它还能吸收大量放射性铀元素，消除氟化氢、二氧化硫、氯气等有害气体，是理想的大众观赏花卉，是厂矿绿化的好植物，亦可作为大气中氯气的监测指标植物。花、叶、茎和种子均可入药，性凉味甘。具凉血、止血、止带、止痢功效；种子有消炎、收敛、明目、降压、强壮的功效；花治失眠、月经不调、赤目带下、痔疮出血、功能性子宫出血等症；茎、叶疗热咳、肠胃炎、菌痢，外用治痒疹。花朵、茎叶可作蔬菜。

2. 江南第一花——玉簪

简介

玉簪，别名：白鹤仙、白鹤花、玉春棒、玉搔头、玉泡花、小芭蕉、金销草、化骨莲等。玉簪根状茎粗壮，须根多；叶基生成丛，叶大有长柄，弧形脉，叶卵形至心卵形，色碧绿；顶生总状花序，高出叶丛，着花10余朵，花管状长漏斗形；单瓣或重，暮开朝闭，昼夜不绝，每朵花可开 6 ～ 7 天；蒴果下垂，三棱状圆柱形，种子多数，边缘有翅。原产于我国，为我国古典庭园重要花卉之一。主要观赏栽培种类有高丛玉簪、粉叶玉簪、波叶玉簪、紫萼狭叶玉簪、东北玉簪和叶玉簪等。玉簪性极强健，耐寒力强，除高寒地区外，都能露地越冬；喜阴湿，畏强光直射，属典型的阴性花卉；不择土壤，以富含腐殖质、肥沃湿润，排水良好的砂质土壤为好，也稍耐瘠薄和盐碱。生长适温 10 ～ 20℃，3 月下旬萌芽出土，8 ～ 9 月开花，11 月中旬霜后地上部枯萎，根状茎和休眠芽在露地越冬。

养诀

常用分株法繁殖。秋季叶枯或春季萌芽前，将根状茎挖出，分割成段，各带芽 2 ～ 3 个，多保留根系，另行栽植。不宜深栽，浇水不宜多，置于阴湿通风处。新株当年能开花，植后 2 ～ 3 年可再分株。播种于秋后，分批采收，晒干储藏，翌春盆播或地播，约 40 天出苗。苗高 3 ～ 5 厘米，分苗移栽，8 ～ 10 厘米即可定植。实生苗需培育 3 ～ 4 年方可开花。采用茎尖、花瓣、花序等外植体进行组织培养，可明显加快繁殖速度。

地栽应选树林下、建筑物北侧庇荫之处，切忌种在向阳处。秋种前，穴施适量腐熟的有机肥，定植株距 40 ～ 50 厘米。春季结合松土，每月施稀薄氮肥一次；花前增施磷肥 1 ～ 2 次，施后浇水松土。生长期保持土壤湿润，忌浇水过多、过勤。夏季注意遮阴，还应防治蜗牛、蛞蝓、斜纹夜蛾对茎叶的为害。入冬后，清除枯枝落叶，并结合松土施入基肥，可在根茎和休眠芽上方覆浅土保护越冬。

盆栽以园田土、腐叶土、草炭土、河沙调配，下垫少量腐熟有机肥做底肥，莳养 2 ～ 3 年翻盆换土。生长期宜入庭院阴凉湿润、空气流通处。适时浇水，保持盆土及周围环境湿润，深秋应严格控水。开花时追施 1 ～ 2 次 0.1%尿素与 0.2%磷酸二氯钾混合溶液。入冬休眠，保持盆土微潮，置于朝南向阳处，0℃左右即可安全越冬。翌年 4 月搬至室外放在半阴处。主要虫害为斜纹夜蛾，清晨人工捕捉。

妙用

玉簪宜在庭院片植作地被植物，或在建筑物北面庇荫处绿化栽植，或配植于岩石边。其矮生或观叶品种盆栽布置厅堂、居室观赏。亦是重要切花材料。玉簪对二氧化硫、氟化氢等有害气体具有较强的抗性，又是氯和氟的监测“哨兵”，对保护环境大有益处，适宜工矿区栽植。其植株蒸发量大，可提高室内湿度，又能净化居室空气。全草是我国传统的中药。根、叶有消肿解毒、止血功效，主治痈疽、瘰疬、咽肿等；花味甘清凉，小毒，有清热解毒、消肿祛斑、利尿功能；主治咽喉肿痛、小便短少、疮毒、烧伤等症。花含挥发性物质，可提制芳香油、浸膏，供化妆香水及香精调和。幼茎嫩芽可食用，4 ~ 6 月采摘，沸水焯烫后，换清水浸泡，炒食、生食、做汤均可。

3. 花中睡美人——睡莲

简介

睡莲，别名：子午莲、金莲、水浮莲、水芹花、水荷花等。睡莲叶丛生，纸质或近革质，卵状椭圆形，基部深弯缺，叶面亮绿，下面紫赤色，无毛，叶柄细长。花单生，漂浮水面，花瓣多数，呈白、粉、红、黄、蓝洒金等色。聚合果球形，种子椭圆形，黑色，有肉质囊状假种皮。原产于我国。现全世界各地广为栽培。同属约有 40 余种，常见栽培观赏有：红花睡莲、白睡莲、蓝睡莲、黄睡莲、香睡莲和南非睡莲。性喜温暖潮湿、光照充足，通风良好的静水区，多生于浅水沼泽地，适宜水位 30 ~ 80 厘米。耐寒，忌冰冻。江南地区露地越冬，长江流域以北越冬温度 5℃以上为宜。喜含丰富腐殖质的黏土。生长发育温度 15 ~ 35℃，低于 10℃停止生长。3 ~ 4 月萌发长叶，5 ~ 7 月陆续开花，

10～11月茎叶枯萎，翌春重新萌发，常分为热带性和耐寒性两大类。

养诀

睡莲以分株繁殖为主。于3～4月，将根茎挖起，分割8～10厘米数段，每段带饱满新芽，栽于池内或缸（盆）之中。种子繁殖，于花谢后，果实套布袋，收集成熟种子，经水选盛于瓶内，水池深处保存，或种子含水量20%，密封瓶内，藏于5℃低温，9个月后，仍有80%以上发芽率，以水藏简便省工。翌年春天，温水25～30℃催芽，每天换水，2周后萌芽，现新叶幼根，移入小盆栽植。

池塘栽培。选水位变化稳定，日照充足的池塘，先抽出部分池水，按直径与深度各45厘米见方挖穴，施少量磷矿粉做基肥，每穴栽1株带顶芽健壮块茎，扶正，塘泥盖好，然后逐渐灌水。夏季保持水深60～100厘米，冬季池塘不可缺水，以防根茎受冻。如在大水面上的湖塘种植，湖水过深，于湖中筑成若干2米×2米的种植穴，穴内填土施肥，再种植。

盆栽于3～4月，结合分株，选内径40厘米、深60厘米盆或水缸，底部放适量河泥及含磷、钾肥多的腐熟肥料作基肥，再填层肥沃河泥。栽种顶芽朝上，覆土深度以顶芽和土面相平，每盆植3～5段，盖住后略按实，留30厘米左右沿口，灌水淹过土面即可。水过深，发芽迟缓。以后随茎叶的生长渐加深水位。植后置于通风良好、日照充足处养护。

生长期常保持水深约25厘米，池、盆（缸）的水应清洁无污染。发现盆水污浊及藻类，应及时换新水，清除污物。雨季调节水位，不使水位过深过浅。结合清杂，追施2～3次肥，7～8月将饼肥、过磷酸钙、尿素混合，用易腐的纸包好，每袋约15克，塞入离植株根部稍远的泥下15厘米左右深土内。11月后进入休眠期，将枯叶剪去，倒出盆内水，保持湿润，放在3℃左右冷室内越冬，一般栽种3年更新一次。常见病虫害有蚜虫和褐斑病。发现虫害用1 200倍敌敌畏水溶液喷杀；褐斑病发病初期，用50%多菌灵或50%托布津1 000倍液喷洒。

妙用

睡莲花绚丽多彩多姿，叶色青翠斑斓，在夏、秋季给人们增添一份安谧与清新。被泰国、印度、孟加拉国、埃及和圭亚那尊为国花。现我国大部分园林、庭院水池中常有栽培。常见的白睡莲，又叫水百合，其中淡红色及撒金色最为名贵。该花是一种点缀夏季景色的花卉，不仅花色秀美，而且浮于水面的碧叶也极具观赏价值。它的根还能吸收水中的铅、汞及苯酚等有毒物质，又能过滤水中的微生物，有良好的净化污水的作用，可作为大气中重金属蒸气监测指示植物。根状茎、花可入药。性凉、味甘，有消暑、清肺、安心神、解酒毒的功效。根茎富含淀粉，可食用和酿酒。全草宜作绿肥。

4. 洋兰皇后——蝴蝶兰

简介

蝴蝶兰，别名：蝶兰。蝴蝶兰茎短，叶大肥厚排列在短茎上，生长缓慢，每年只生 2 ～ 3 片叶。花茎长，拱形，总状花序，花数朵至 30 余朵不等，排为 2 列开花；花大，蝶状，密生；花色有纯白色、粉红色、紫红色、黄色、杂色及喷点、斑纹、线条、白花红蕊、红花白蕊等；单花花期达 20 余天，自然花期 10 月至翌年 6 月。原产缅甸、菲律宾及我国台湾等热带、亚热带地区。多生于阴湿多雾的热带中低海拔、山林或滨海岛屿森林中，离地 3 ～ 5 米的树枝、树干上，也有长于溪间的湿石和长满青苔的悬崖上。全属 40 余个原生种，我国有 6 种，以我国台湾地区出产最多。蝴蝶兰属热带附生兰，性喜高温多湿、半阴、通风的环境，忌强光直射，需要的光度大约是全日照的 40%。忌闷热，怕空气干燥和干风，以相对湿度 70% 为宜。忌积水，畏寒冷，生长适温为 18 ～ 30℃，最低温度应保持在 15℃以上，夏季温度高于 35℃或冬季温度低于 10℃，则停止生长，若持续低温，易导致植株死亡。喜疏松、富含腐殖质、排水良好的基质。由于所处的环境不同，可成为气生兰或地生兰。

养诀

繁殖蝴蝶兰，有分株、组织培养及无菌播种等方法。栽培的成年植株偶尔在基部或花梗节间上长出分枝或株芽，待长到 3 ～ 4 片叶、2 ～ 3 条小根，将其分离出单独培育成新的植株。组培常用花梗腋芽、茎尖、根尖或试管苗的叶片作为外植体，可获得与母株完全相同的优良遗传特性。无菌播种繁殖是蝴蝶兰常用的商品化生产，所繁殖的种苗占其总量 60% ～ 70%。盆栽选用多孔的素烧陶盆或塑料盆。基质以木屑、蕨根、树皮、松针叶、炭粒、苔藓、碎桫椤、椰丝和蛭石等材料。植前花卉和基质消毒。盆底填充基质，用少量的湿水苔包裹根茎放入盆中，稍压紧固定，填入基质应使根茎部分与盆沿高度一致，喷水后置室内通风处。生长良好的幼苗可 4 ～ 6 个月换一次盆。换盆时剔除原有基质，剪除干枯或腐烂的老根。将换盆后的植株置于庇荫处 2 周，这期间不可施肥，只能喷水和适量浇水。1 个月后长出叶芽，再进行正常管理。其根部畏积水，喜通风干燥，若浇水 5 ～ 6 小时后，盆内仍很湿，易导致根系腐烂。应适量早上浇水，且根据周围环境情况、盆材料湿润程度来决定浇水量。当今市场买的盆花多使用水苔栽培。家养不必天天浇水，夏、秋季 3 ～ 4 天浇一次，冬季 1 周浇一次，并常给兰盆周围洒水或喷雾，保持空气湿度，不要使兰叶心部积水，尤其冬夜禁止将水喷洒叶片。北方入冬前和翌年初春，室温达不到 15℃，是一年当中最难养护的，应将兰株置室内朝阳处，浇水宁少勿多，晚间套袋保温。合理施肥有助于开花，以薄肥勤施。6 ～ 9 月兰株生长期，硫酸铵或混以磷酸二氢钾加水 1 000 倍液喷洒叶面，或花宝二号稀释 1 000 ～ 2 000 倍，每 7 ～ 10 天施用一次，做到叶面肥和根肥交替使用，也可盆中放几粒固态的缓效性肥料（如

李文宾提供

王远提供

魔肥、农家腐殖肥)。新根、新叶长出后，每周施一次腐熟的稀薄饼液肥。冬季、休眠期停止施肥。家养时，冬季少遮光、春秋季多遮光、夏季注意遮阴，避免强光直射。一般不用修剪，只需将黄叶、病叶及时去除即可。家养中易发生叶斑病和根腐病，用 75% 百菌清可湿性粉剂 800 倍液喷洒，每 10 天喷一次，连喷 3 次。

妙用

蝴蝶兰以其花多丰富多彩、花大美艳超群，被人们美誉为“洋兰皇后”。是居室花卉装饰的最佳选择之一，既可摆在厅堂，也可摆放案头、书桌或阳台；既供观赏，又能吸收空气中一氧化碳、甲醛，起到净化室内空气的作用。购买时应当挑选植株健壮，叶片肥厚、坚挺，花梗长，花序大，花朵多、同一方向排列，均匀无下垂，花色鲜艳，着色完全，花瓣厚实者。此外，花朵可作为新娘的捧花、襟花、胸花，还可做切花。

5. 天然净化器——吊兰

简介

吊兰，别名：挂兰、兰草、钩兰、折鹤兰，西方人又叫蜘蛛草。吊兰叶基生，条状披针形，基部抱茎，较坚硬。花葶从叶腋中抽出，弯垂，并长出带气根的子株。总状花序，单一或分枝；花小型，白色；花期 6 ~ 8 月。原产非洲南部和亚洲热带地区，约有 100 个品种。我国有 4 种，分布在西南和华南等地，同属植物有：短穗吊兰、窄叶吊兰、美叶吊兰。常见品种有：纯绿色吊兰、银边吊兰、金边吊兰、金心吊兰、宽叶吊兰（斑心吊兰）等。性喜温暖，生育适温 20 ~ 30℃，春末至夏季为生育盛期。喜湿润、半阴和通气良好的环境，不耐干旱，忌烈日直射与干风，根部畏水浸渍；不耐寒，易受霜冻，越冬温度宜在 5℃以上。栽培基质以排水良好、肥沃疏松、富含有机质的砂质土壤为佳。叶片对光线反应敏感，夏、秋季避强光，需遮阳50%～70%。春季宜置于半阴处；冬季应予充足光照。不足及过强均会导致观赏性降低，严重时甚至枯萎死亡。

养诀

吊兰常于春、秋季采用扦插和分株繁殖。扦插时，取长有新芽的匍匐茎10厘米插入土中，约7天生根，20天左右可移栽上盆，浇透水置阴蔽处养护。分株在温暖地区，四季均可进行，常结合春季换盆时，将盆栽2～3年密集的盆株，除去陈土，换新的培养土，剪去朽根，分成数丛，分别上盆；或从匍匐茎上剪取带气生根的子株直接上盆，种时埋土忌过深，以一盆栽3株为好。吊兰盆栽常用腐叶土或泥炭土、园土和河沙等量混合，添加少量腐熟的饼肥及活性炭，可增强吸收有害物质的能力。

生长旺季，肥水要足，一般早晚各浇水一次，保持盆土湿润；秋季1～2天浇一次，不能积水，防止腐根；冬季应保持盆土偏干，过于潮湿易诱发灰霉病而烂叶。每半个月施一次腐熟稀薄的有机肥或复合肥，冬季停止施肥。如肥水不足，叶片发黄，焦头衰老。对光线要求较严格，光线不足，叶片柔软，色泽变浅；光线过强，叶片枯萎，尤其是花叶品种更怕强光。经常清除沿盆枯叶，修剪花茎和保持枝叶姿态匀称。北方气候干燥，应悬挂在无阳光直射处，还要经常喷叶面水和地面洒水，冬季置于15℃左右南窗台养护。吊兰病虫害较少，主要有生理性病害，叶尖端变黄，应加强肥水管理。浇水过多、盆土积水或株丛密集通风不良，引发灰霉病等，用50%多菌灵可湿性粉剂500倍液喷洒。天气干燥，高温时易出现介壳虫、粉虱为害，常检查，及时抹除。

妙用

吊兰叶细长柔软，翠绿清秀。是大江南北栽培较广泛的室内观叶植物。亦可将盆栽入地作为草坪花镜的镶边素材，也可在节日时摆放于花坛或用于布置会场。它还是一种不可多得的室内净化空气、调节室温、保护环境的花卉。在居室中摆放两盆吊兰，能提高空气的湿度，从而降低和调节室内温度。还能分解复印机和打印机排放的苯，吞噬尼古丁，吸收二氧化氮、一氧化碳，将它们转化成无害物质。栽种得好的吊兰，还可吸附空气中的灰尘和噪音。根及全草可入药。吊兰含石斛碱、石斛胺等有效成分。味甘辛、性平。有清热解毒，养阴润肺，止咳、止血，消肿去淤等功效，主治咳嗽、声嘶、吐血、闭经、跌打损伤、痈疽肿毒、牙痛等症。

6. 多变的花色——八仙花

简介

八仙花，别名：绣球、阴绣球、粉团花、草绣球、紫阳花、斗球花等。八仙花叶对生，椭圆形至阔卵形，边缘有粗锯齿，叶柄粗壮。伞房花序顶生，花大型，直径可达20厘米，近球形，通常观赏部分为扩大化的瓣状萼片，多为不孕花，花绿色、白色、粉色、红色、紫色。花期5～7月，初开为青白色，渐转浅蓝色，再转粉红色。花色美艳而奇特，与土壤酸碱度有关。在酸性土壤呈现蓝色，在碱性土壤呈现红色，故八仙花可作为土壤酸碱指示植物。原产中国和日本，分布于长江以南各省区。栽培历史悠久，栽培变种和品种很多，常见的有：蓝边八仙花、大八仙花、紫茎八仙花、齿瓣八仙花、银边八仙花、紫阳八仙花、红八仙花、斑叶八仙花等。性喜温暖、湿润和半阴环境，不耐寒。生长适温18～28℃，冬季温度不低于5℃。花芽分化需在5～7℃条件下6～8周，20℃可促进开花，见花后维持16℃，能延长观花期，但高温使花朵褪色快。喜湿润，不耐干旱，忌水涝。宜疏松、肥沃和排水良好的稍黏质土壤。为酸性植物，不耐碱。萌蘖力强。在寒冷地区，地上部分冬季枯死，翌春从根茎萌发新梢，再开花。

养诀

繁殖用扦插、分株、压条皆可。分株繁殖：于早春萌芽前结合换盆，将已生根的根蘖苗从母株切离，分别栽植。压条繁殖：于春季将母株临近地面的老枝或嫩枝，弯曲压入深10厘米的土中，7～8月与母株切离，待翌春分栽。大批量繁殖以扦插为主。结合早春修枝及花后整形，选半木质化、侧芽饱满、生长健壮、无病虫害的嫩枝作插穗，穗长约10厘米，具2～3节，留上部2～3叶片，每叶剪去1/3～1/2，用0.001%～0.0025%浓度的吲哚丁酸溶液浸24小时后，插于河沙、蛭石或珍珠岩为基质的苗床，遮阴保湿，保持在20℃、相对湿度80%的环境中，15～20天生根，40天左右可上盆。当苗高10～15厘米时摘心，促分枝，并选留中上部4个新枝，待长至8～10厘米，再进行二次摘心，以促进开花。每年3月翻盆换土一次。盆土用壤土、腐叶土和腐熟堆肥土等量伴适量的河沙配合，若以松针腐叶土或泥炭土，可提高土壤酸度。换盆时，修剪枯枝，恢复生机去除腐、烂根及过长须根。植株移入新盆，土压实，浇透水，置荫蔽处，移至室外护养。庭院地栽应选择庇荫处，浇水不宜过多，生长季常保持土壤湿润为宜。夏季干热，除浇足水，白天向叶片喷水；冬季以见干见湿为好，休眠期应控水，维持半干半湿状态。现蕾前增加浇水量，每天1～2次。每2～3周施一次腐熟稀薄饼肥水。北方偏碱，可用1%～3%的硫酸亚铁加入肥液中施用，生长期每2周向叶面喷施0.1%尿素或0.1%硫酸亚铁溶液；花芽分化期，适当增施磷、钾肥；在现蕾至开花期增肥增水。八仙花一般在2年生的壮枝上开花，花后及时修剪整形，剔除残花，老枝剪短，保留2～3个芽，补充复合肥料；秋后新梢去顶，以利越冬。其病虫害少，偶有立枯病、炭疽病和蚧壳虫等发生。养护中注意土壤消毒，忌连作，防雨淋及湿度过大。常通风透光，合理疏枝，及时清除病虫枯叶，出现病虫害及时防治。

妙用

八仙花为理想的耐阴盆栽花卉。南方暖地可配植于建筑物北面、庭院阴处、棚架等处。盆栽常布置于厅堂、会场，与鲜红、翠绿等花卉互为配置，显得格外幽雅别致；或阳台或点缀室内。其对二氧化硫等多种毒气抗性强，是厂区绿化良材。八仙花含抗疟生物碱，花含芸香苷，根部含白瑞香素的甲基衍生物和伞形花内酯，有截疟、清热功效。主治疟疾，病后烦躁，惊悸不宁等症。根可治扁桃体炎、胸闷、心悸等症。

7. 叶绿如宝剑——虎尾兰

简介

虎尾兰，别名：千岁兰、虎皮兰、虎皮令箭、锦兰等。虎尾兰叶簇生，直立，线状披针形，前端短尖，基部有槽，灰绿色，有不规则暗绿色横带状斑纹。总状花序，花白色至淡绿色，数朵成束，有香味。花期春、夏季。原产非洲西部及亚洲南部，我国各地均广泛栽培。其变种有金边虎尾兰、短叶虎尾兰、黄边短叶虎尾兰、金边短叶虎尾兰、银脉虎尾兰等。同属种类还有圆叶虎尾兰、美叶虎尾兰、姬叶虎尾兰和石笔虎尾兰。喜温暖，好阳光，半阴和通风良好的环境，耐干旱，不耐寒，生长适温 16 ~ 28℃，低于 13℃即停止生长，越冬温度 10℃，宜在北方加温的室内越冬。对土壤要求不严，在排水良好、疏松肥沃的砂质壤土中长势好。

养诀

多用扦插和分株繁殖。扦插采用叶插法：5 ~ 8 月将老熟的叶片近根状茎的基部剪下，横切 10 厘米小段，上下不可倒置，切面须先晾干，插入素沙土中约 3 厘米，置庇荫下，温度在 20 ~ 25℃，20 天左右生根，待新芽出土 10 厘米时即可移入小盆。金边种不能叶插，否则金边消失，只可用分株法繁殖，多在春季结合换盆进行，每丛至少 3 ~ 4 片叶，分后即栽。其根系稀松，不宜修剪，上盆后可快速成型。盆土以肥沃园土与煤渣混合物，比例为 3 ∶ 1，伴少量豆饼屑或禽粪作基肥。浇水要适中，尤其幼苗阶段不宜过湿，以免引起根茎腐烂。春、秋季生长旺盛，应充分浇水。浇水太勤，叶片易变白，斑纹的色泽变淡，浇水时沿盆边浇，避免水浇入叶簇内。夏季稍加庇荫，避免直晒，常喷水雾，适量浇水，使叶片鲜嫩翠绿。冬季需阳光充足。应注意室内栽培较久，不能突然移到强光下，要逐渐增加光照量，适应后才能放在光足处，否则叶片易灼伤。盆土宁干勿湿，室温 5℃左右就能安全越冬，并能继续生长。生长期半个月施一次复合肥或稀薄饼肥，11 月至翌年 3 月停止施肥。一般两年换盆一次，多在春季。通风不良或高温下易发生叶斑病，发病初期喷 50%多菌灵或甲基托布津 800 倍液。养护中注意防象鼻虫为害，可用 50%杀螟松乳油 1 000 倍液喷杀。

妙用

虎尾兰叶呈剑形，叶面斑纹奇特，四季青翠。装饰在光线明亮、通风的厅堂、茶几、书房、卧室、电脑旁，既增添雅韵，又起到净化空气作用。虎尾兰是清除甲醛、苯、硫化氢及氯乙烯等最为有效的植物之一，经吸收后，能通过新陈代谢，把有毒物质转化分解。还能分泌植物杀菌素，将空气中的细菌消灭，减少感冒的发生。其叶片和根状茎可供药用，性味酸凉，有清热解毒，消肿功效。外治痈肿、烫伤、腮腺炎、跌打损伤等症。叶片是极好的纤维作物，是织布和制绳索的好原料。

8. 天然加湿器——绿萝

简介

绿萝，别名：黄金葛、魔鬼藤、藤芋等。绿萝藤长数米，攀附能力强，可附着在其他物体上生长。叶互生，心脏形，有光泽，叶绿色，上具不规则黄色斑块及条纹，叶面有较厚的角质层，能适应干燥的环境。产于印度尼西亚、马来半岛的热带雨林，世界各地栽培广泛。常见的栽培品种有金叶绿萝、三色绿萝

等。喜温暖湿润和半阴环境。生长适温21～27℃，夜间温度14～18℃，冬季保持10～13℃，一般不低于7℃。冬季应保暖防寒，否则易叶黄、落叶。对光照反应敏感，间接光照即可，尤其散射光对叶色的形成和保持较有利。忌强光直射，空气干燥，北方冬季可放在阳光较强，有直射光照的室内。对土壤要求不严，以肥沃、疏松、排水良好的砂质壤土为好。绿萝生性强健，养护简单。

养诀

常采用扦插和水插法繁殖。扦插繁殖：于5～7月剪取茎顶端或基部的萌条，长15厘米，去掉基部1～2节叶片，插入泥炭土、珍珠岩等量混合或细沙和泥炭混合的繁殖床中，保持适当湿度和21～25℃的温度。在半阴蔽的环境中3周即可生新根。生根后即可上盆，每盆栽3～4株，表面加层陶粒。盆土以肥沃腐叶土或泥炭、园土、粗沙各1/3混合配制。水插繁殖：剪取嫩壮的茎蔓，每段3节以上，剪去下部叶片，插于清水中，每周换水1～2次，2周后可生根成活。此法养护简单，适合居家繁殖使用。室内可盆栽、作吊篮，或种于室内的种植槽中。盆中可设立支柱供藤蔓攀缘其上，最好用附有苔藓的枯木，也可用铁丝网制作圆筒栽种。夏季置于半阴之处，避免强光直射，防止叶片灼伤；北方冬季应放在有光线直接照射的室内，并注意保暖防寒。平时适度浇水，保持盆土湿润，切忌干燥，并经常喷水保湿。生长季节，半月施稀薄液肥一次，复合肥及腐熟饼肥交替使用，切忌饼肥水污染叶片。栽培 3 ～ 4 年后植株易老化，下部叶片脱落，萎黄，须及时摘去，修剪或更新，5 ～ 6 月将老株全部剪除，留下近土面的 1 节，让其再萌发新枝。生长期因土壤湿度过大，常发生线虫引起的根腐病和叶斑病。根腐病可施用 3%呋喃丹颗粒剂防治；叶斑病发病初期应及时剪去病斑或病叶，用 70%代森锌可湿性粉剂 500 倍液喷洒防治。

妙用

绿萝攀缘性极强，又好耐阴，是室内最为优良的绿化和美化的观叶植物之一。可作柱式或挂壁式栽培，也可作插花衬材或吊盆栽培。适用于公共场所和家庭点缀装饰。绿萝叶面积大，蒸发量也大，可有效增加室内空气湿度，且吸收有害物质能力很强，可改善空气质量，还能消除甲醛等有害物质的污染。此外，对室内二氧化碳等有害气体也有很强的吸收能力。特别是很多花草都不能适应卫生间“恶劣”的环境，它却能在这里生存，并能通过类似光合作用过程，把有害的物质吸收并分解转化。它的药用价值是能活血散淤，用于跌打损伤。但其含有毒成分，应少触膜、嗅闻，更应防止误食中毒。

9. 翠绿片层叠——文竹

简介

文竹，别名：云竹、蓬莱竹、云片竹。幼株如松，称元松山草、云片松。与芦笋同属，又称芦笋山草、山草、平面草。文竹叶状枝纤细而丛生。每片侧枝呈羽毛状，水平排列，鲜绿色。叶呈细小鳞片状，白色；主茎下部还有刺状变态叶。花小，两性，近白色；1 ～ 4 朵着生于短柄上。浆果球形，种子黑色。原产非洲南部。引入我国不过百年。其变种有矮文竹、大文竹、纤美文竹、细叶文竹、密丛文竹等。性

喜温暖、湿润及半阴的环境，耐阴性强，在散射光下生长较好。不耐寒，忌霜冻，冬季温度不低于5℃，生育适温22～28℃。怕干旱，忌强光直射，夏日要遮阳，冬天需保暖，也忌积水。要求排水透气性能良好、土层深厚、肥沃湿润、富含有机质的砂质壤土。花期2～3月或6～7月。

养诀

文竹采用播种和分株繁殖法。种子12月至翌年春季陆续成熟，及时采下，漂洗干净，即浅播于湿沙盆内催芽，保持20℃温度和盆土湿润，25～30天即可发芽。幼苗长满盆，即可分植。苗高10厘米左右即可单株定植，置室外荫棚养护。保持环境湿润，半月施稀薄液肥一次，10月上旬入室，元旦之际可养成丰满大株，一般寿命7～8年。分株结合春季换盆时进行。将4～5年的大株或盆中拥挤植株，分掰或刀割切株丛，每小丛保留植株2～3条，置阴凉处，养护1年，至翌年可供观赏。盆土以腐叶土、泥炭土、河沙按3∶4∶3比例配制。养护中浇水最关键，浇水过多烂根、叶黄脱落；浇水过少，盆土太干、叶尖焦黄，叶片脱落，平时掌握不干不浇、浇则即透。气候干燥或干热天气，常向枝叶和花卉周围地面喷水，以增加空气湿度。生长的春秋季，每隔半月施一次腐熟的稀薄液肥。冬季入室，控制浇水，停止施肥。植株定型后应控制施肥，常置明亮通风之处，夏秋忌强光直射，注意适量修剪整形。小型文竹的羽状枝超过40厘米，及时剪除，以新生小枝接替；大型文竹的长枝搭架绑缚，并修去枯茎、老枝、枯黄、过密枝及蔓生的枝条。一般2年换盆一次。养护期注意防蚧壳虫等害虫为害，及时防治。

妙用

新婚燕尔，赠送文竹与红牡丹、红芍药、红月季、红百合、红非洲菊、红掌等组成的花束，祝婚姻美好，百年好合。探视病人，赠文竹与玫瑰组成的花束，表示祝愿早日康复。文竹能吸收二氧化硫、二氧化碳、氯气等有害气体，其效率超过空气过滤器。在新陈代谢中，还能把致癌的甲醛转化为糖和氨基酸一类天然物质，同时可分解复印机、打印机排放的有害物质，对净化室内空气，维护人体健康很有益处。其根可入药，性平、味甘、微苦，有凉血、解毒、利尿、通淋、润肺、止咳功效。主治急性和慢性支气管炎、肺热咳嗽、咳血、吐血、小便淋漓等症。全草有凉血解毒，利尿通淋，可用于治疗郁热咳血、小便淋漓等症。

10. 醉人的绿色——富贵竹

简介

富贵竹，别名：绿仙竹、开运竹、万寿竹、绿叶竹蕉、绿叶仙龙血树等。富贵竹植株地下无根茎，根为黄褐色，株形直立而分枝少，有节如竹。叶长披针形或卵圆状披针形，绿色，叶柄鞘状，叶面斑纹色彩因品种而不同。原产加那利群岛及非洲、亚洲的热带地区。20 世纪 80 年代后期，我国长江以南各省区都有引种栽培。主要品种有：绿叶富贵竹、金边富贵竹和银边富贵竹等。性喜高温、高湿、耐阴、耐涝，耐肥力与抗寒力强，喜散射光、半湿润的环境，畏强光直射。适宜生长在疏松、富含腐殖质、排水良好的砂质壤土，适宜生长温度 20 ~ 30℃，夏秋高温多湿季节，对其生长十分有利，越冬温度 8℃以上。耐修剪，易萌蘖。

养诀

富贵竹一般采用扦插繁殖法，可沙插与水插。气温适宜，全年均可进行，以 5 ~ 7 月最适合。插穗取当年生或多年生不带叶的茎段，选 5 ~ 10 厘米、具 3 个节间，直立或平卧插入湿沙床。插床温度保持 25 ~ 30℃，注意湿润和适当遮阴，1 个月后生根即可上盆。水插易生根，盛行瓶插水养。入瓶前剪去浸在

水中的叶片，基部切成平滑的斜口，置于室内明亮处，不要摆放在电视机旁、空调处或电风扇常吹的地方，以免叶尖、叶缘干枯。生根之前也不要移动位置和改变方向。3 ~ 4 天换清水一次，约半个月生根。之后不宜换水，待水分减少再添加补水，并施少量复合肥。常清洗表面灰尘，使叶色更青绿。养护的关键是掌握好湿度和温度。春、夏、秋生长季节浇水要充足，应保持盆土湿润，切勿让盆土干燥，夏季高温和干燥季节应每天向叶面喷水 2 ~ 3 次，冬季盆土见干见湿，减少浇水。富贵竹忌低温，冬季室温应保持 10℃以上。家庭莳养易遭受冻害，越冬和早春时节要特别注意防寒保暖；夏、秋季切忌阳光直射，适当遮阳，冬、春季应多接受阳光，每天至少光照 3 ~ 4 小时，以保持叶片的鲜丽色泽。盆栽应薄肥勤施，不宜单施氮肥，入冬前追施一次磷钾肥，以利抗寒越冬。每隔 1 ~ 2 年于春季换盆，并剪除部分老根，添加新的培养土，切忌用黏性土和碱性土。养护中如有烂茎、烂根，应及时剔除。发现蜘蛛、天牛、叶螨、介壳虫等害虫为害，注意防治。

妙用

富贵竹观赏价值高，因而备受人们青睐。逢年过节或乔迁新居，都喜欢在室内放置几株，既能净化室内空气，分解有毒物质，又象征着大吉大利、迎祥招财。用富贵竹制成的观赏艺术佳品颇富寓意。开运竹，又叫富贵塔、竹塔、其层次错落有致，造型高贵典雅，节节高升，层层吐绿，形似宝塔。我国台湾、香港商人常作为礼品赠送，寓意吉祥、富贵。

11. 龟鹤之遐寿——龟背竹

简介

龟背竹，别名：蓬莱蕉、龟背蕉、电线兰、穿孔喜林芋。龟背竹叶单生、大型，幼叶全缘心形、无孔，长大后叶主脉两侧出现椭圆形孔洞，叶周边羽状分裂，形似龟背。肉穗花序，佛焰状花苞呈黄白色，长约30厘米。花期8～9月。原产于墨西哥热带雨林，常附生于高大榕树上或林下、溪旁湿润的岩石及土地上。我国各地都有栽培。常见栽培的品种有：迷你龟背竹、石纹龟背竹、白斑龟背竹、蔓状龟背竹。其变种有斑叶龟背竹、长茎龟背竹等。性喜温暖、半阴、湿润的环境，畏寒冷，忌夏季烈日暴晒和干燥。生长适温20～28℃，越冬温度不低于5℃。对土壤要求不严，适宜生长在排水良好、肥沃疏松的微酸性土壤。

养诀

一般采用扦插法繁殖。4～5月剪取带有2～3个节的茎段作插穗，除去节部气生根，去叶或带叶插入沙土中，外露一节，置于温暖半阴处，保持湿润，在20℃以上温度和较高的空气湿度，经1个月后生根抽芽。也可在夏、秋季节将大型的龟背竹的侧枝整段劈下，带部分气生根，直接埋植于木桶或钵内，不仅成活率高，而且成型效果好。还可以用种子繁殖和叶片水插。盆栽用腐叶土、泥炭土、河沙及少量腐熟厩肥混合配制，盆中立缠棕的柱子，让气生根攀缘，置于通风、散射光充足之处。夏季忌强光直射，春、夏、秋季遮光50%，冬季全光照。生长季节浇水宁湿勿干，常保持土壤潮湿，并向叶面喷雾和淋水，但不能积水；冬季应控水，微湿即可，防止烂根、叶片黄化。4～9月为生长旺盛期，要勤施薄肥，每半个月施肥一次，追以复合肥或腐熟液肥，亦可用含0.1%尿素和0.2%磷酸二氢钾水溶液叶面喷洒1～2次，秋后增施磷、钾肥。每年春季换土，修剪过多气生根及下部老化叶片，盆土拌入少量腐熟有机肥作基肥。换土后置阴凉处，约10天后即恢复正常生长。常见病害有叶斑病、灰斑病及茎枯病，应及时防治。

妙用

龟背竹叶形似龟背，叶色翠绿，大而开展，四季常青，适于装饰客厅、卧室、

书房。在南方散植于池边、溪沟、石隙中，自然大方。其中叶片形状奇特，颇具热带情调，作为配叶很受欢迎。因龟是长寿象征，也宜做贺寿礼品。又适合送给乔迁新居的朋友，既祝贺搬家顺利，又为新居带去绿意，增添温馨。它还是天然的清道夫，可清除室内有害气体，尤其是吸收甲醛的能力超强。经测定，夜间有很强的吸收二氧化碳能力，净化室内空气，有益于保健养生。全株可入药，味淡、微涩、有小毒。有活血散淤，清热利湿，解毒消肿功效。主治痈疽疮毒、淋巴结核、外伤骨折等症。

12. 金色的花海——向日葵

简介

向日葵，别名：太阳花、向阳花、朝阳花、生日花、转日莲，也称葵花。向日葵叶互生，宽大，卵圆形，顶端急尖或渐尖，有三基出脉，边缘缺刻或锯齿状，两面被粗糙毛，有长柄。头状花序，单生于茎端或枝端，圆盘状，常下倾，花盘边缘为舌状黄花，雌性不结实，盘中央为两性花，多数为管状，能结实。花期7～9月，果期8～9月。原产于美洲，我国明朝时从西域引入，故也称西番葵、西番莲。现世界各地广为栽培。品种有观赏用、观赏兼油用或食用等。花形有重瓣或单瓣，另有单花和多花品种。向日葵为短日照植物，性喜温暖、稍干燥和阳光充足的环境。不耐寒、不耐阴，耐盐性与耐旱性能力较强。生育适温15～30℃，温度不可低于12℃。如早春温度偏低，生长迟缓，影响花开。生长期若温度超过30℃，温差过小，茎叶徒长，花期缩短。整个生育期需充足的阳光。开花期需短日照和强光照条件。日照充足，能促进茎叶生长旺盛，正常开花授粉，提高结实率。如阴雨连绵或长期在半阴环境中生长，茎秆不挺拔，叶片柔软、下垂，呈绿色，花盘小而不整齐。对土壤要求不严，适于各种土壤，以肥沃深厚疏松的砂质壤土为宜。从出苗到种子成熟整个生育期，一般 85 ～ 120 天。

养诀

向日葵常采用播种繁殖。全年均可播种繁殖，以春、秋季进行为佳。露地栽培常用穴播，盆栽用营养钵或穴盘点播育苗。发芽适温 21 ～ 24℃。将种子点播入土深约 1 厘米，播后 7 ～ 10 天发芽。发芽率通常在 80%～ 90%。播后出苗时，忌碰伤子叶，否则幼苗生长缓慢。盆钵每盆留壮苗 1 株。株高约 150 厘米时摘除部分老叶，以减少养分消耗。栽培场地必须选择日光直射，植前深翻地，施足基肥，定植株距一般 40 ～ 60 厘米；盆栽根据地上部冠幅的大小选用 10 ～ 18 厘米的盆。栽植或定苗成活后即可施肥，每半月施一次 1%硫酸钾或磷酸二氢钾液肥或草木灰水；花前用 0.1%磷酸二氢钾与适量氮肥混合进行根外追肥。露地栽培，根系发达，又耐旱，春季浇水不多，初夏气温升高，水分蒸发较大，需补充浇水，但不宜过湿；花蕾形成后宜多灌水，保持土壤湿润，雨季注意防涝，做好排水设施。若花坛观赏，可摘心一次，分枝可产生 4 ～ 5 朵花。重瓣品种不易结实，需人工授粉，可提高结实率。花谢后头状花序背面由绿转黄，即表示种子已趋成熟，可割取后晒干收取种子。主要病害有白粉病和黑斑病危害叶片，除用等量波尔多液喷洒预防外，发病初期可用 50%甲基托布津可湿性粉剂 500 倍液喷洒防治。虫害主要有蚜虫、负蝗、盲椿象和红蜘蛛为害，可用 80%敌敌畏乳油 1 500 倍液或 40%氧化乐果乳油 1 000 倍液喷洒。

妙用

向日葵适宜装饰居家小庭院、窗台，呈现欣欣向荣的气氛。摆放于公共场所和园林景点作花坛、花境，圆圆的花盘，展现出喜气洋洋的景象。又是切花送礼佳品。父亲节，儿女送上一束向日葵，表达了对父亲终年辛劳养家的尊敬与感激之情。情人节是相互传递爱情信息的使者，象征爱情的忠贞。教师节赠送老师，表示对老师的敬仰。亲朋好友过生日赠送向日葵，表示祝福健康快乐。向日葵可

作为氨气、二氧化硫、氯气污染的指示植物，遇有毒气体，花朵则萎缩。向日葵一身是药，其种子、花盘、茎叶、茎髓、根、花等均可入药。种子含油极高，可炒食，可榨油，为重要的油料作物。研究发现葵花子维生素E的含量相当丰富，具有抗衰老作用。还含维生素B_3、不饱和脂肪酸和丰富的钾，对神经衰弱、抑郁症等精神性疾病以及降低胆固醇均有一定疗效；茎髓为利尿消炎剂，可健脾利湿止带；茎叶与花瓣可健胃，有清热解毒、清肝明目、消肿止痛作用；果盘（花托）有降血压作用；根清热利湿，行气止痛。茎、花盘等可作饲料或燃料。花提制“葵花滴剂”是治疗疟疾的一种药剂。葵花籽的外壳是制糠醛的好原料，还是合成橡胶、纤维、染料的原料。

13. 花小如金粟——米兰

简介

米兰，别名：鱼子兰、米仔兰、木株兰、伊兰、树兰、兰花木、赛兰香、四季兰等。米兰奇数羽状复叶，互生，有柄，由小叶3～7枚组成，叶面亮绿。圆锥花序腋生，黄色、极幽香。花期6～10月，多数为一年一季开花，也有四季花开不断的，以夏、秋两季开花最盛。原产于我国南部各省及亚洲东南部。大江南北都有盆栽，福建漳州和广东各地大面积作香精原料植物栽培。作为观赏植物栽培的还有大叶米兰，分布在我国台湾及沿海一些省份的杂木林间，所以又叫台湾米兰。米兰性喜温暖、湿润、半阴半阳的环境，并具有较强的耐阴性，适应在南方湿度较大的阳光下生长，不耐寒，对低温十分敏感，短时零下低温整株死亡。温度16℃左右植株抽新枝，但生长缓慢，不能形成花穗。温度达25℃以上时，生长旺盛，新枝顶端叶腋孕生花穗，所以除华南能地栽，其他地区只能盆栽。入冬后移入室内，防冻保暖，否则易被冻死。不耐干旱，受旱后叶片会立即黄化脱落，根系也会死。要求肥沃、疏松的中性或酸性土壤。

养诀

用扦插和高枝压条法繁殖。扦插繁殖：于6～7月剪取顶端嫩枝，长10厘米左右，剪去下部叶片，削平切口，以河沙、蛭石或珍珠岩等材料作扦插基质，插床用塑料薄膜覆盖保湿，约2个月可生根。扦插前，用25毫克/升的吲哚丁酸浸12～24小时，或50毫克/升的吲哚乙酸浸15小时，有促进生根的效果。高枝压条宜在5～8月选1～2年生木质化健壮枝条，茎粗0.5毫米，在离分叉部位20厘米处作环状剥皮，环宽0.5厘米左右，深度以见木质部为准，待切口稍干再用苔藓或湿土、蛭石包裹，外用塑料薄膜上下扎紧，生根后再剪离母体，放于庇荫处缓苗，后再入盆定植。采用此法成活率高，成苗开花较快。盆土可用肥沃园土、堆肥土各2份、河沙1份或腐叶土2份、堆肥、河沙各1份混合配制。盆底放适量腐熟饼肥作基肥。幼苗上盆后，待株高20～30厘米，即可摘心，促进侧枝萌发。盆栽的米兰，要保证排水良好，不可积水。浇水既要保持盆土湿润，又不能长期水分过多。夏季高温，每天浇1～2次透水，还应喷浇枝叶及地面洒水，以提高空气湿度，雨季及冬季控制浇水。生长季节每2周施稀薄饼肥水一次，在肥水中应增加适量的过磷酸钙。施肥宁淡勿浓，忌偏施氮肥。若能间隔喷洒0.1%磷酸二氢钾，花开更繁茂。霜降之前，入室越冬。置于阳光充足处，室温保持10～12℃为宜，防止冷风吹袭。注意预防甲壳虫、红蜘蛛为害。若室温过低，可罩上塑料薄膜，晚间再覆上防寒物。翌年谷雨后夜间温度稳定10℃以上才搬至室外。盆栽2～3年翻盆换土，宿土不要打碎，去除部分陈土，剪去烂根。加新土时，放少量磷肥作基肥。上盆后置阴凉处养护，约1周后移至向阳处。

妙用

米兰花期长，是华南地区公园、庭院常用的香花灌木，用于绿地内丛植、行植，是极好的绿化、香化观赏花木。盆栽布置会场、门厅、庭院及家庭装饰，在居室内摆上一盆，可消除室内异味，使人心旷神怡。米兰可吸收家中电器、塑料制品等散发的有害气体，对二氧化硫、氯气、一氧化碳、过氧化氢、乙烯、乙醚也可有效吸收并清除，还能散发出具有杀菌作用的挥发油。其花可窨茶，也可提取名贵树兰油。花朵、枝叶可入药。味甘，性平。枝有活血散淤、消肿止痛作用；花有清热凉血功能，可醒酒、行气解郁、清肺、止烦渴。木质细密，是作雕刻品的好材料。

14. 碧翠玲珑——金钱树

简介

金钱树，别名：金币树、雪铁芋、泽米叶、天南星、龙凤木等。金钱树地下有肥大的块状茎，直径 5 ~ 8 厘米，浅黄色；地上部分无主茎，羽状复叶自块茎顶端抽生，每个叶轴有对生或近似对生的小叶 6 ~ 10 对，叶片卵形，绿色，有金属光泽。该种目前尚无规范的中文名，商品名为金钱树。原产于非洲东部的坦桑尼亚雨量偏少的热带（草原），是近年来从荷兰引进的珍稀室内观叶植物。性喜温暖、湿润的半阴环境，耐干旱，忌烈日暴晒，稍耐阴，怕寒冷和盆土黏重与积水。喜透气性强的栽培基质，以土壤疏松肥沃，排水良好，富含有机质，呈酸性至微酸性为宜。生长适温 20 ～ 32℃，萌芽力强。

养诀

金钱树采用分株和扦插法繁殖。插穗可用单个的小叶片、单独的叶轴或一段叶轴加带 2 个叶片。基质可用细河沙或泥炭土、珍珠岩和沙按 3 ∶ 1 ∶ 1 的比例混合。插穗入土深度为穗长的 1/3 ～ 1/2，只留叶片于基质外，浇透水后置于庇荫处。插后视基质的干湿程度，每天给叶面喷雾 1 ～ 2 次，维持基质稍呈湿润状态即可。切不可过分潮湿，否则引起插穗腐烂，导致扦插失败。在 25℃左右的条件下，1 个月即可生根成活。分株繁殖：于翻盆时进行，方法是从根茎间的结合处掰开，在伤口处涂上硫黄粉或草木灰，另行栽种。栽种不宜太深，块茎顶部覆土 1.5 ～ 2 厘米即可。也可利用其块茎带有潜伏芽的特点，将大块基质分成带有 2 ～ 3 个潜伏芽的小块，待其创口收干后，栽于半湿润的细沙中，等长成独立的植株后再上盆。盆土采用泥炭土、粗沙或珍珠岩、冲洗过的煤渣与少量园土和缓释肥混合，调至微酸性。生长期浇水应“不干不浇，浇则浇透”。盆土不宜长期积水，否则会造成块茎腐烂。冬季应以偏干为好，并注意在叶面和四周环境喷水，使空气相对湿度达 50%以上。北方冬季室内有暖气，空气干燥，更要注意增加室内湿度。可在托盘中留少量的清水增湿。金钱树对光线要求不严，可长期摆放在室内观赏，但新叶抽生时不能过分阴暗，会导致嫩叶细长，叶间距稀疏，影响观赏。夏季置于无阳光直射处养护，以免新叶被强光灼伤。生长期每月施一次腐熟的稀薄液肥，加入少量硫酸

亚铁，以防叶片黄化，也可施用0.2%尿素加0.1%磷酸二氢钾混合液。10月之后停用氮肥，可连续追施2～3次0.3%的磷酸二氢钾液，促使嫩叶轴、叶片硬化、充实，以利越冬。冬季移到室内光线明亮的地方，少浇水，停施肥，室温保持10℃左右。金钱树每两年翻盆一次，于春末夏初进行。宜选用较深的青花瓷筒盆栽种，盆底多放泡沫、瓦片、石子等物，以利排水。栽种时可把块茎露出土面一部分，盆面铺层陶粒或小卵石，以增加观赏效果。

妙用

金钱树是当前风格独特的室内观叶花卉，它的名称寓意招财进宝、荣华富贵。很适宜装饰于客厅、书房或居室中，很多家庭会放在进门就能看见的地方。可将此花作为礼物送人。

15. 月下美人——昙花

简介

昙花，别名：仙女花、韦驮花、琼花、风花、夜皇后、金钩莲。因其花晚上开放，故又有月下美人的雅号。昙花其形态奇特，无叶，所见的是叶状变态茎。茎下半部圆柱形，木质化，上半部分枝呈扁平状，多具有棱，阔披针形，边缘波状，中肋肥厚，绿色。花单生于叶状茎的边缘，朵大白色，漏斗形，花下部是一长筒，中间有一条白色花柱，花柱顶端有16～18条放射状柱头；花清香，夏、秋夜晚绽放，每朵花开放4～5小时后即凋谢。原产于墨西哥至巴西的热带森林地区、非洲热带沙漠地区也有分布。现已引种至世界各地。性喜温暖湿润及半阴的环境，忌强光暴晒。喜光，耐旱，畏寒，冬季温度不得低于10℃，生长适温24～30℃。我国西南、华南部分地区及台湾地区露地越冬外，一般都作盆栽，冬天需在室内越

冬。喜较高的空气湿度，忌水涝。较喜肥，喜疏松、肥沃、富含有机质、排水良好的微酸性砂壤土。秋末至初春昙花处于半休眠状态，之后进入旺盛生长期，夏季花芽分化，仲夏至秋初于夜晚开花。

养诀

多采用扦插法繁殖，也可用播种和叶片为材料进行组培繁殖。扦插繁殖：以5～6月选取健壮、肥厚、充实、无病虫害的变态茎，剪成10～15厘米长，放于通风处阴干后插入沙床，保持湿润，在18～25℃的温度条件下，20～30天即可生根，当根长至3～4厘米即可移植。盆土用粗沙、腐叶土或泥炭土、园土各3份、有机肥料1份混匀配制。一般每隔一年于早春换盆，剪除枯朽根和部分老根，去除一半陈土，添加新的培养土。盆内立一支架，将茎枝匀扎于支架上。莳养要掌握："一喷、二遮、三控肥"的要领。一喷：生长期喷雾水，以提高空气湿度。春、秋季节浇水要见干见湿，夏季适当加大水量，早晚各向植株上及周围喷洒水，同时注意通风；雨季避免阵雨冲淋，及时排涝。冬季休眠期应控制浇水，使盆土略显干燥。二遮：春、秋季节置于室外半阴处护养，防阳光直射；夏季放室内光线明亮、通风的北面阳台上或棚内、大树下。北方盆栽于10月上、中旬入室内阳光充足处越冬，室温保持10℃左右，平时早晚多见阳光以促生长。三控肥：生长期每半月施一次稀薄饼肥水，液肥中加入少量食用米醋或硫酸亚铁，长势会更好。现蕾后增施1～2次0.2%磷酸二氢钾，则花大色艳。花谢后及时修剪，去掉老枝条，再施1～2次液肥，以利来年开花。霜降至早春要停追肥。

为使夜晚开放的昙花改为白天开放，采用如下做法：当花蕾膨大6～9厘米，并开始向上翘时，白天搬入暗室中，或用黑色薄膜等罩上，遮光务必严实，不能有一点透光。自晚上7点到翌晨6点，用40瓦的日光灯或100瓦白炽灯距植株1米处照射，连续5～7天处理可使昙花白天开放，且花开时间比夜间长。

妙用

昙花盆栽适于点缀客厅、阳台和接待厅。在南方可地栽。其肉质茎上的气孔白天关闭，夜间打开，在吸收二氧化碳的同时，制造出氧气，使室内空气中的负离子浓度增加，对人体健康有益。花与茎可入药。性微寒味甘。花含有胶质、糖类，是清肺化痰，安神宁志的良药；茎具清热消炎，治咳嗽、跌打、烫伤、疮肿等功效。还具有软便去毒、清热疗喘的功效，主治大肠热症、大便干燥等症。

16. 天然清新剂——冷水花

简介

冷水花，别名：花叶荨麻、白雪草、透明草、蛤蟆叶海棠、铝叶草等。冷水花叶对生，多肉质，椭圆形，叶面有银白色的两侧纵向对称的花纹。花单性，雌雄同株，白色，伞房花序，花期秋季。原产于越南，分布于亚热带雨林中溪流两旁或林下的荫生地被植物，同属植物约有200种。常见有：镜面草、泡叶冷水花、总苞冷水花、小叶冷水花、铜钱冷水花等，我国南方各地多有栽培。适宜在气候温暖、湿润和半阴环境。对温度要求较高，不耐寒、怕霜，生长适温18～22℃，10℃以上生长较好，冬季温度不能低于5℃。耐阴性较强，忌阳光暴晒。耐水湿，不耐旱。对土壤要求不严，能耐弱碱，以富含有机质壤土为好。

养诀

冷水花常采用扦插和分株法繁殖。扦插繁殖：于春、初夏选取生长充实的枝条，剪取茎先端5～8厘米，保留先端叶子直插以蛭石或素沙为基质的沙床中，或扦插于泥炭和土混合的盆土中，入土深度不宜超过2厘米。置于半阴处，温度

保持18～20℃，干燥时用细壶喷水，2～3周即可生根，1～2个月后即可移植或上盆。分株繁殖：结合翻盆换土把植株分成几丛后分别上盆，老茎进行短截，保留茎秆基部2～3节，成活后腋芽萌发抽出新枝。也适于水养。水插约2周长出新根，4周后可恢复生机。盆栽土用普通园土和沙土混合配制或用5份腐叶土或泥炭土、3份珍珠岩和2份河沙和少量基肥混合而成。上盆后置于散射光充足处，忌夏季强光直射，应适当遮阴。若光线太暗叶色会逐渐淡化，植株细长而杂乱。越冬温度不宜低于7℃。温度在14℃以上开始生长。盆栽后生长较快，要充足供水，保持盆土湿润，平时浇水要见干见湿，忌盆土干燥或积水。冬季休眠期盆土宜稍干，忌过湿。生长季节每半个月施稀薄液肥一次，以复合肥为主，忌偏施氮肥。施肥时不要让肥液触及叶面，施后用水轻洗叶面。为使株形紧凑，定期摘心促其分枝。冷水花生长旺盛，每年在早春换盆一次。

妙用

冷水花常做中、小型盆栽，南方做地被植物，用于园林绿化。世界环境保护组织于1995年将冷水花列为新兴的抗污染观叶植物之一。它所吸收二氧化碳的能力比一般花卉高，对苯、甲醛及厨房烹饪所散发的油烟等有害气体具有一定的消解作用，被称为经济实惠的“天然清新剂”。其全草可入药，性凉。能清热解毒，一般用于热毒疮痈症。

17. 奇特又罕见——发财树

简介

发财树，别名：瓜栗、马拉巴栗、翡翠木、摇钱树、中美木棉、大果木棉、美国花生树等。发财树掌状复叶互生，小叶4～7枚，长椭圆形，全绿，浓绿

色有光泽，小叶叶柄较短。花单生于枝顶叶腋间，白色，花期7～8月。果长椭圆形，果实坚硬，内有种子10～20个，果期9～11月。原产于中美洲的墨西哥和哥斯达黎加。现今我国栽培普遍。性喜高温多湿和阳光充足，生育适温20～30℃，越冬温度不低于10℃。抗逆性强，耐旱、耐强光、也耐阴，但不耐寒，幼苗怕霜冻，忌积水。在我国华南地区可露地栽培越冬。对土壤要求不严，以疏松、肥沃、富含腐殖质、透水透气良好的微酸性砂质壤土为好。生长速度快，叶片有向光性。耐储运。

养诀

发财树采用播种与扦插法繁殖。生产上多用播种繁殖。其成熟种子寿命短，采收后即播种，播后2～4天即可发芽，实生苗的秆基随着生长会自然地肥大，园艺观赏价值高。扦插繁殖，华南地区四季均可进行，北方宜5～8月。插条结合修剪下来的顶梢或枝干，长10～15厘米，插于素沙土或消过毒的壤土，成活率高。盆土以园土6份、腐熟有机肥与粗砂各2份，或腐叶土8份、煤渣2份混匀配制。上盆时注意不伤根部，并视树体大小配于相应花盆。春、秋季保持阳光照射充足，夏季应避免阳光直射，摆放于散射光亮处。冬季放在室内有阳光的地方，室温保持15～25℃，切忌低于 8℃。浇水“宁湿勿干”，高温季节、生长旺期、树型较大应多浇水，每天向叶面喷水；冬季新分栽的少浇水，盆土稍湿润即可。水多，易烂根，叶下垂脱落。5 ~ 9 月生长期每半个月施一次磷、钾肥，促使茎秆粗壮。忌浓肥，腐熟的饼肥水及全素复合肥交替使用。春季及时摘心及修剪，避免树枝凌乱，亦可促进树干萌生新枝，使长出的新枝便于造型。常见的病害有根（茎）腐病，主要是养护时盆土积水，或储运中伤及根部。发现溃烂植株，及时丢弃，可用普力克、安克防治。叶枯病可用百菌清、退菌特防治。发现病叶及时摘除并销毁。

妙用

发财树姿态优美，茎基肥大，可塑性极高，3 枝或 5 枝干结成辫子状，形成奇特造型，已成为家庭莳养的一种非常流行的观赏植物。常用于装饰店面、宾馆高档客房、企业办公楼入口等处。小型发财树装饰于阳台、客厅、书房、卧室，给人以吉祥如意的美好祝福。另外，其种子炒熟可食用，甘香酥脆，既可榨油，又可配制巧克力糖。

发财树是联合国推荐的国际环保树种之一。其枝叶浓密，水的蒸发量大，可有效提高室内空气湿度，净化周围空气，尤其对一氧化碳和二氧化碳有较强的净化作用，经测试，还可消除甲醛和氨。

18. 碧叶黄金弹——金橘

简介

金橘，别名：金弹、金枣、金柑、罗浮、卢橘、牛奶橘等。金橘叶互生草质，长椭圆形，表面深绿光亮，背面散生油腺点，叶柄具狭翅。单花或 2 ~ 3 朵集生于叶腋，花被五瓣裂白色，有芳香。果实小，矩圆形，熟时金黄色，皮薄而肉厚，汁多味、香、酸甜。花期 6 ~ 8 月，果期 11 ~ 12 月。原产于我国温带和亚热带地区，广泛分布于长江流域以

南地区。同属植物有圆金橘、山橘。性喜温暖、湿润和阳光充足的环境，冬季要求冷凉。稍耐寒，略耐阴，忌干旱和积水。生长期喜较高的空气湿度。要求土层深厚肥沃、排水良好微酸性或中性的砂质壤土。

养诀

常用嫁接法繁殖。方法有切接、芽接和靠接。砧木多用枸橘，应提前1年盆栽，在4～7月进行靠接，接穗选用2年生健壮枝条。切接在3月上旬至4月上旬，以萌芽前1～3周为适宜，接穗宜选取1年生枝条中段，留双芽或单芽均可。芽接以9月中旬至10月初为最适宜。成活后，于翌年萌芽前后带土移栽盆中。盆土可用腐叶土5份、园土3份、细河沙2份混匀配制，或泥炭土3份、河沙1份配成。盆栽金橘要点：首先，生长期浇水见干见湿，保持盆土湿润即可。其次，金橘喜肥，多施磷、钾肥。萌芽前施一次腐熟液肥，生长期每2周施一次以氮肥为主的液肥。新梢发齐，摘心后，追施速效磷、钾肥。入秋后减少施肥至冬季停止施肥。再次，合理修剪。花谚说："留春不留秋"，指秋梢要及时剪除。早春新梢萌发前，选留3～5个上年生分布匀称的健壮枝，每枝留2～3个饱满芽。经2个月后，春梢长至15～20厘米时进行摘心。当夏梢长至6厘米左右，再进行一次摘心，以诱发多开花结果。开花时，应适当疏花，每枝留花蕾2～3枚；结果后，每枝保留1～3个，并保持盆土湿润，以利果实生长。冬季不再施用肥水，但要喷洗叶片，保持温度5℃左右，气温过低时移置室内向阳通风处，注意防止煤烟病侵害及甲壳虫为害。

妙用

金橘适于院落、庭前、门旁、窗下栽培，或列植于带形花坛的中心或群植草坪或树丛周围，既别致，又可改变冬季的萧条景色。园林中可栽培为专类园，成为别具风格的园中一景。还可盆栽。迄今商店开业、新居落成之时，时常将大盆金橘摆在大门两侧或室内厅堂，以满树金果寓大吉大利，财源滚滚。金橘能净化空气中的汞蒸气、铅蒸气、乙烯、过氧化氮等有害物质，且抗氟、吸氟能力比一般花木高很多。还对家用电器、塑料制品所散发的气味有一定的吸收和抵抗作用。其所散发的芳香，可以有效抑制细菌，防止霉变，预防感冒，降低血脂。金橘果实可食，果、叶泡茶可助消化。生食有理气、消食、散寒、化痰、醒酒等功效。果皮、核可入药，果皮治胃痛、胸胁逆气，果核治疝气。脾虚之人不宜多食，糖尿病、牙龈肿痛患者忌食。

19. 形异而香清——佛手

简介

佛手，别名：佛手香橼、蜜柑、福寿橘、五指柑等。佛手叶互生，长圆形，先端钝，叶缘有微锯齿。一年可开花 3 ～ 4 次，盛花期为 4 月。花有单性花和两性花。单性花的形状细、长、小，不结果；两性花的形状粗、短、壮，能结果。圆锥状花序簇生叶腋，花瓣五枚，质厚，芳香，雄蕊多数，花丝分离，花柱较粗。花有白、红、紫等色。果椭圆形，皮极厚，果肉几乎完全退化，果端分裂为张开与合并两型，熟时为淡黄色至黄褐色。果熟期 11 ～ 12 月。原产于我国东南地区、印度及地中海沿岸。主产福建、广东、广西、台湾、浙江、云南、四川等省区，现各地都有栽培，尤以浙江金华罗店的佛手历史悠久，品质优良。长江流域以南及西南地区可露地栽培，北方地区只能盆栽，冬季室内越冬。主要品种根据花的颜色分为白色、紫色，红色三种。性喜温暖、湿润和阳光充足的环境。生长适温 22 ～ 24℃，冬季越冬要求 5℃以上，以室温 5 ～ 15℃为好。佛手有五爱五怕：爱温暖、爱阳光、爱潮湿、爱通风、爱微酸砂壤土为五爱；怕霜、怕冻、怕干旱、怕盆涝、怕黏结土为五怕。

养诀

佛手常用扦插和嫁接法繁殖。扦插繁殖：宜在早春新芽萌发前结合修剪进行。选取健壮1～2年生枝条，长10～12厘米，插入沙土床，浇透水，薄膜覆盖，遮阴，25℃温度下约1个月可生根。嫁接繁殖：用盆栽2～3年的枸橘或橙子作砧木，选1～2年生健壮的接穗。采用切接（清明节前后）或靠接（5～7月）。以嫁接繁殖的苗根系发达，生长较快，3年后就可结果。盆土用腐殖质土、园土加适量河沙配制。生长旺盛期及夏季要浇足水，通常向植株喷水，以增加空气的湿度。入秋后逐渐减少浇水。冬季保持盆土微湿即可。

佛手喜肥。施肥不足或不及时，易落花落果。春梢生长期，每10天左右施氮肥一次；夏季是生长旺季，又是盛花和结果期，每周施一次以磷、钾肥为主的液肥，孕蕾期用0.2%磷酸二氢钾溶液喷洒叶面1～2次；初秋与中秋果实生长期，每10天追施磷、钾、钙复合肥，坐果后喷0.005%赤霉素能提高坐果率；深秋果熟采收季节，多施腐熟的厩肥、堆肥、饼肥等，为来年开花结果打基础，若不摘果，留冬季观赏。霜降之后移入室内向阳处，注意通风。待翌年清明和谷雨间搬出室外养护，并整枝修剪，除去过密枝、高叉枝、重叠枝、纤弱枝、病虫枝。留3～5个主枝，达到理想高度进行摘心。花后疏花疏果。已不开花结果、树龄达5年以上，可强剪，留1节或2节截短，促使开花结果。主要病虫害为红蜘蛛、蚜虫、介壳虫及煤烟病等，注意及时防治。一般每隔2～3年换盆一次，宜在早春进行。

妙用

佛手如观音手指，千姿百态，妙趣横生，又能散发出醉人芳香，且持久。含水量少，耐贮藏，可作为最珍贵的礼品馈赠，表示祝福、福寿双全。可装饰于厅堂、书案、道路两旁、假山之旁，或列植、丛植于草地边缘，广场一侧，闻香赏果。

它还是一味理气止呕、和胃健脾、消食化痰的中药。用叶、花、果泡茶浸酒饮用，有理气健脾、化痰止咳，舒筋活血功效，还可制作蜜饯，提取香精油。

20. 艳丽又悦目——美人蕉

简介

美人蕉，别名：大花美人蕉、红艳蕉、莲蕉、兰蕉、水蕉、小芭蕉、凤尾蕉、虎头蕉、破血红等。美人蕉叶互生，宽大，长椭圆状。总状花序自茎顶抽出，常2朵或数朵簇生，花色有乳白、黄、红、复色和具斑点等。花期自初夏至秋末陆续开放，5～7月最盛，9月后果熟。原产于美洲、印度、马来西亚等热带地区。我国种植历史悠久，南北各地栽培极为普遍，也引进了一批矮秆优良品种。其同属植物50多种，分布于美洲。常用的品种有食用美人蕉、柔瓣美人蕉、粉叶美人蕉和美人蕉等。性喜温暖、湿润和阳光充足的环境。不耐寒、怕强风和霜冻。生长适温15～28℃，低于10℃不利于生长。对土壤要求不严，在土层深厚、疏松肥沃、通透性能良好的砂壤土中生长最佳。耐湿，但忌积水。北方深秋地上部分枯萎后，可取出根茎埋于室内通风良好的沙土中，保持5℃以上即可安全越冬。江南可在防风处露地越冬。

养诀

美人蕉的繁殖以分株繁殖为主，也可播种繁殖。分株繁殖：在早春掘起根茎，分割成块状，每块需带2～3个芽及少量须根，栽深10厘米左右，株距60～80厘米，浇足水。新芽长到5～6片叶，施1～2次腐熟稀薄肥，当年即可开花。播种繁殖：用于培育新品种或大量繁殖。其种皮坚硬，播前应刻伤，用25～30℃温水浸种一昼夜，播后覆土2厘米，保持湿润，3周左右即可发芽，待

长出2～3片真叶时再移植。春季上盆时，选用大号花盆。盆土用腐叶土、泥炭土，田土及珍珠岩混合配置。植后半个月开始施肥，半个月施一次腐熟液肥，每月施一次1%硫酸亚铁肥水。开花阶段和越冬期间应停止施肥。生长期常保持盆土湿润，雨季注意排水防涝。开花后应随时将其茎秆从基部剪去，促使新蘖枝萌发。霜降前后移至室温5～10℃处，即可安全越冬。每年5～8月要注意预防卷叶虫为害其嫩叶和花序。可用50%敌敌畏800倍液或50%杀螟松乳油1 000倍液喷雾。地栽发现地老虎，可人工捕捉，或用敌百虫600～800倍液对根部土壤灌注防治。

妙用

美人蕉是园林中及室内优良的盆栽观赏花卉。高型品种常作花境或艺术小品背景或花坛中心栽植，也可成丛或成带状种植于草地边缘；矮生品种，可作阳性地被种植，或盆栽摆设庭廊等处，既可有效增加空气湿度，也是观叶观花之上品，尤以切花瓶插，配以蕨类、天冬、柏类等枝叶，甚为美观。重大节日，装饰于街道及公共场所，寓意喜庆、欢乐、吉祥。它可清除和监测二氧化硫、氯气等有害气体带来的空气污染，很适于城市、厂矿区栽种；其根可吸收、分解多种有毒成分。美人蕉的根茎和花可入药，有清热利湿、安神降压，并有收敛、止血、解毒功效。根茎能治急性黄疸型肝炎，鲜根捣烂外敷可治跌打损伤和疮疡肿痛。花为止血药，主治外伤出血等。叶可提取芳香油，茎叶纤维可制人造棉、搓绳。

21. 雅冠常春——夹竹桃

简介

夹竹桃，别名：柳叶桃、半年红。夹竹桃叶革质，三叶轮生，条状披针形，

侧脉羽状平行而密生。花茎呈三棱形顶生聚伞花序；花冠漏斗状，多为重瓣或半重瓣，桃红色或白色、黄色，有香气；花圆柱状，柱头僧帽状。蓇葖果，长角状。花期6～9月，果期12月至翌年1月。原产于印度、伊朗。现我国大江南北都有栽培。常见品种有白花夹竹桃、重瓣夹竹桃。性喜阳光充足、温暖湿润的环境。喜肥怕涝，也耐阴，不耐寒。在我国长江流域以南，可在露地安全越冬，北方地区只宜盆栽，冬季移入室内。生长适温20～35℃，越冬温度5℃以上，对土壤要求不严，微酸、微碱的土壤均能适应，但以疏松、肥沃的砂质土壤为宜。

养诀

夹竹桃开花常不结实，常用扦插法繁殖。硬枝扦插在清明前后，嫩枝扦插6～7月。剪取健壮1年生枝条，长15～20厘米，剪去上部叶，浸于清水中2～3天，后插入素沙床，保持湿润，半个月左右即可生根，1个月后可移植。还可水插繁殖。取1年生枝条30～40厘米，于下端从中间将枝条劈开，深度4～6厘米，浸入清水深达枝条1/3，每两天换水一次。2～3周后待长出须根5厘米时，可移入花盆养护。成活后，选留主干30～40厘米打顶，待新枝长至4～6厘米，选3个方位适当粗壮枝条，其余抹除；第二次修剪宜在7月份，每个侧枝留10～15厘米打顶，在侧顶上各选留3个分枝，亦形成“三杈九顶”的树形。修剪后，夏季先地栽，入秋后再移栽花盆。每2～3年于早春出室前换盆一次，剪除烂根和过密根。盆土用园土5份、沙土2份混合配制，盆底放少量骨粉作基肥。换盆后浇透水置于通风向阳处莳养。春秋季浇水见干见湿，保持盆土湿润为宜，雨季及时倾倒积水。夏季生长旺盛及开花期，每天需浇水一次，并常向枝叶喷水，深秋入室要控水。生长季节直至入室前，每半月施一次稀薄液肥，以复合肥为主，配施有机肥。生长期及时除萌蘖条及过密枝。夏季蚜虫、红蜘蛛为害，需用药物防治。

妙用

夹竹桃在江南地区多列植、片植、丛植于公园、风景区、庭院、绿地、路旁、池畔、草坪边缘等处，或作绿篱。北方多盆栽，装饰庭院，也可作花坛中心。夹竹桃对有害的氯气、氟化氢、二氧化硫、汞有很强的净化力和吸收力，它对烟尘、粉尘的抵抗和吸滞能力也很强，是工矿区绿化的好树种。但它含有夹竹桃强心苷剧毒的有机物，只要不误食其枝叶，避免在饮用水附近种植，就不会出现中毒。它的叶、花、皮均可入药。其性辛温，味苦涩，有强心、利尿、发汗、催吐、镇痛、祛痰、杀虫之功效，用于治疗心脏病、心力衰竭、癫痫、跌打损伤、淤血肿痛，外用治疗斑秃等症。因有毒，必须在医生指导下服用，孕妇禁用。此外，茎皮纤维细而柔软，是优良的混纺原料；种子可榨油，供制润滑油等。

22. 串串如鞭炮——一串红

简介

一串红，别名：西洋红、墙下红、爆竹红、象牙红、炮仗红等。一串红叶对生，卵形或卵圆形，先端尖，边缘有锯齿。总状花序顶生，花萼钟形，花冠唇形，均为红色，雄蕊和花柱伸出花冠外。坚果卵形，种子着生于萼筒基部，成熟后黑褐色。花期 7 ~ 10 月，果熟期 10 月底。原产于南美巴西，现各地均有栽培。栽培变种有一串白、一串紫、丛生一串红、矮生一串红。常见的栽培品种有：红海、莎莎、火炬、展望、烈火 2000 等。性喜温暖至高温，不耐寒，忌霜害，生长适温为 20 ~ 25℃。低于 10℃以下，叶片变黄脱落，遇霜冻死亡；

高于30℃则花叶变小。喜光照充足，也耐半阴。适应性较强，喜疏松肥沃的砂壤土。忌积水，耐旱。在炎热的夏季枝叶生长旺盛，但花稀少。萌芽力强，耐修剪，能自播繁殖。

养诀

一串红以种子繁殖为主，也可扦插。种子繁殖：于3～4月将种子播于疏松湿润的土壤，覆一层薄土，在20～25℃条件下，约10天可发芽。待幼苗长出3～4片真叶时，移植一次，株行距10厘米×10厘米。长到6～7片叶后，则可上盆定植。生长约100天开花，花期约2个月。扦插繁殖：于春、秋季进行。选取带顶梢的嫩枝，每段约10厘米，除去部分叶片，插于细沙或珍珠岩中，保持介质湿润及较高的空气湿度，遮阴30%～40%，经10天可发根。地栽选地势较高，土质肥沃之地；盆栽的盆土用园土、腐叶土各4份、河沙2份配成。地、盆栽均需施基肥。植后注意浇水、松土、除草。成活后每半月施一次稀薄有机液肥或0.2%尿素溶液，孕蕾期间多施磷肥。生长前期不宜多浇水，以防徒长；生长旺季应增加灌水量。夏季蒸发量大，应及时补水，保持盆土湿润而不积水，雨季需及时排水防涝。高温干燥，必须进行遮阳，叶面及植地四周喷水降温。为使一串红株丛矮壮、枝叶茂密，开花数增多，定植后，株高约15厘米时摘心，

王远提供

促发侧枝；当侧枝有 6 ~ 8 片叶时，留 4 片叶第二次摘心。之后每隔 10 ~ 15 天摘心一次，一直控制至花期前 25 ~ 30 天停止摘心。摘心后 30 天左右可抽蕾开花。准备“五一”节开花的，应在上一年 8 月下旬播种，11 月中、下旬上盆，温度保持 20 ~ 25℃，温室养护，则可届时开花。准备国庆节开花，则应春季播种，进行多次摘心，在 9 月 5 日以前摘心完毕，国庆节前后即可达到盛花期。

妙用

一串红常用来布置大型花坛、花境、园林绿地草坪中心与边缘及道路两侧、河道坡地成片种植。又有消除并防止室内空气污染，能将装修后室内残留的氮氧化物吸收并转化为自身养分，且对硫、氯的吸收能力强，但抗性弱，所以它既是硫和氯的抗性植物，又是二氧化硫和氯气的监测植物。全草还可入药，有清热、凉血、消肿之功效。外用治痈疮肿痛、跌打损伤等病。

23. 嫣红圣诞花——一品红

简介

一品红，别名：墨西哥红叶、象牙红、老来娇、雁来红等。一品红单叶互生，卵状椭圆形至宽披针形；下部叶绿色，全缘或波状或浅裂；上部总苞片称顶叶，较狭，初为绿色，入秋转红，是花开之日。总苞片（顶叶）聚伞状排列，有红、黄、粉红等色，呈轮状向四方辐射。真正的花小，着生于杯状总苞中间；雌雄异花，淡黄色为雌蕊。蓇葖果，种子 3 粒，体大，椭圆形，褐色。花期 11 ~ 12 月。经人工调控全年都可盛开。原产于墨西哥和中美洲。我国也是原产地之一，现世界各地广泛栽培，主要品种和变种有：一品白、一品粉、重瓣一品红。常见栽培品种有：自由、彼得之星、成功、倍利等系列品种及圣诞之星和福星。性喜温暖气候，栽培适温 20 ~ 25℃，冬

季温度不低于10℃，不耐寒，怕霜冻。向光性强，喜充足光照，为典型短日照植物，在日照10小时、20℃的条件下，花芽分化并孕蕾开花。作短日照处理，单瓣种约50天开花，重瓣种约60天开花。对土壤要求不严，要求排水良好、通气性好的疏松肥沃微酸性砂质壤土。对水分要求严格，怕旱又怕涝。

养诀

一品红易生根，繁殖用硬枝、嫩枝扦插。剪插条切口有乳白汁流出，宜水中洗净或涂上草木灰或硫黄粉。硬枝插于3～4月换盆，取健壮枝条长10～12厘米；嫩枝插于5～6月取6～8厘米长，具3～4节的嫩梢，去除下部叶片，插入经处理的河沙或泥炭土等基质中，每盆插3～5枝，保持基质湿润，在25℃左右，约半个月可发根，2个月后可移植上盆。盆土以园土加腐叶土和堆肥土，伴适量钙、镁肥，可使红色苞片更加鲜艳。扦插苗上盆后需遮阴，1周后给予充足阳光。经1个月生长即可进行摘心，从基部往上留4～5片叶，剪去枝端，促使萌发3～4个侧枝，形成一盆具有3～5个花头的植株。生长期盆土应保持水分充足，但忌积水，待盆土半干后再浇水。冬季少浇水，保持盆土微潮即可。生长季节，每月施肥2～3次，6～7月每周还要追施液肥一次，盛夏停止施肥，9月每周仍需追施液肥一次，可用有机液肥与复合化肥溶液交替追施，直到开花后停肥。每年清明前后翻盆，剔去朽根并换新盆土。主要病害有叶斑病、灰霉病和茎腐病，可用70%甲基托布津可湿性粉剂1 000倍液喷洒。虫害有甲壳虫、粉虱，可用40%氧化乐果乳油1 000倍液喷杀。

王远提供

妙用

西方人将一品红看做善良、纯洁、无畏、献身的象征，在我国是象征吉祥美好的花卉。人们喜欢用它装饰园林、庭院、宾馆等公共场所，或栽植于花坛绿地中。也适于厅堂内摆放，或点缀会场。还可作切花，制花篮等，用于圣诞插花效果很好。且对大气中的氯气、二氧化硫等有害气体抗性较强，被誉为“空气监测器”。茎叶可入药，有调经止血、消肿止痛功能，还可治跌打损伤。一品红有小毒，内服须谨慎。其白色乳汁刺激皮肤，引起红肿，应避免接触。

24. 铁骨傲霜——菊花

简介

菊花，别名：黄花、金华、金英、金蕊、帝女花等。菊花单叶互生，卵圆形至披针形，羽状浅裂或半裂，叶形变化大，叶下面被白色短柔毛。头状花序顶生或腋生，舌状花颜色多种，管状花黄色。花期通常 10 ~ 12 月。原产于我国黄河流域，在陕西秦岭和河南的伏牛山区，迄今还有大量的野菊。园艺上依花径大小分为大菊、中菊、小菊；依开花季节分为夏菊、秋菊和寒菊等；依花型分为单瓣型、卷散型、舞环型、球型、莲座型、龙爪型、托挂型、垂珠型、垂丝型、毛刺型等；依栽培形式分为多头菊、标本菊、立菊、悬崖菊、高接菊、扎菊、花坛菊等；依开花期早晚分为早、中、晚菊；依花色分为黄、白、紫、粉、红、橙、绿、复色等色系；依舌状花的瓣形分为平瓣、宽瓣、爪瓣、针瓣、丝瓣、钩瓣、扭瓣等。性喜温暖凉爽气候和阳光充足的环境。耐寒，稍能耐旱，不耐潮湿，怕水涝及连作，生长适温为 18 ~ 25℃，忌高温。喜光，属短日照植物，每天不超过 10 ~ 11 小时的光照，才能现蕾开花，人工控制光照时间，可以提早或延迟开花。适宜深厚肥沃、疏松、排水良好的中性至微酸性的砂质壤土。

养诀

菊花繁殖有播种、分株、扦插、嫁接法。种子繁殖：多用于培育新品种。3 ~ 4

月播于苗床，盖层极细薄土，遮盖避雨及阳光直射，待长出5～6片叶时即可移栽。分株法繁殖：于秋、冬季节开完花后将老干剪去，待根旁长出新芽，翌年清明前后，将母株挖出，按根的状态带根分开，每根带1个芽，分植于露地或盆中即可。扦插法繁殖：于5～6月将当年新枝梢上剪取长10厘米，带有2～4节，去掉下部，剪去上部叶片的一半，插入以园土与砻糠灰各半拌匀的基质，浇水遮阴，18～21℃、15～20天可生根。嫁接繁殖：常用大立菊栽培，分盆栽与地栽。通常先地栽，后入盆。盆土用腐叶土、园土、沙土各1/3加少量基肥配成。于5月底至6月初上盆，宜用口径15厘米的花盆。8月份之后，按开花多少确定用盆大小。移栽苗先摘心填土厚为盆高的4/5，浇透水后置阴处。4～5天后移到向阳处。栽后要勤除草，保持盆面土疏松。露地栽培，宜选高燥向阳，肥沃疏松的中性土，采用深沟高畦栽种。忌连作，也不宜与同种作物连作。盆栽忌积水和“浇半水”(表土湿，深土干)，应干透浇足，苗期及孕蕾期前后不能缺水。夏季要防旱，雨季要排水。露地栽培，尤其切花菊的栽培，浇水很关键，除花芽发育时适当增加浇水外，应干多湿少、干湿相间。要适期控肥，一般现蕾前，以施氮、钾肥为主；此后适当施磷肥，追肥在菊苗成活后，第二次植株分枝时，第三次现蕾时。追肥宜薄肥勤施。忌用未经腐熟的有机肥，忌追肥溅污菊叶。要防止施肥过量。菊花顶端优势较强，应及时摘心整枝。植后留3～4片叶摘心。待侧枝长出4～5片叶时，每侧枝留2～3片叶后再次摘心。7月底至8月初，不宜再打顶。喷施0.01%的B_9或浇灌0.05%的多效唑溶液，促使矮壮丰满。整枝应留强去弱，除去分枝，腋芽要及时抹去。现蕾后及时除去侧蕾。主要病害有锈病、灰霉病，应及时防治。

妙用

菊花花期易于调控，是园林摆花、大型晚会的插花摆设、宴会上的观花、会场布景等的主要花卉之一。它更是当前市场上的主要场花之一，是世界四大切花之一。可用于花束、花篮等的制作。清明、重阳时节，带上一束黄色的菊花，缅怀先祖，表达思念是很贴切的。菊花对多种有害气体具有较强的抗性，有吸收硫、汞、氟化氢等毒物的作用。适宜在工矿区栽植。还对家用电器、塑料制品、装饰材料散发的有害气体有吸收和抵抗作用，减轻对人体的侵害。菊花可食用、酿酒、泡茶，生产菊花晶、菊花露、菊花麦乳精等保健饮料。还可入药，具有疏风散热、清肝明目的功能。

25. 微花孤秀——萱草

简介

萱草，别名：黄花菜、金针菜、忘忧草、忘郁、母萱、鹿葱、鹿剑、川草花、丹棘等。萱草叶基生，狭带形，细而长，排成两列，嫩绿色。6～8月开花，花葶粗壮，从叶丛中抽出；圆锥花序生于顶端，有花6～12朵，花大，花冠状如漏斗状，橘红至橘黄色，有香味。果实为蒴果，长圆形，成熟时开裂；种子黑色，有棱角。原产于我国秦岭以南的亚热带地区；日本、欧洲南部也有分布。现我国广为栽培。河南的祁东、邵阳，江苏的宿迁，大面积栽培，品种优良，为名产区。该属植物约15种，其中11种原产我国。常见萱草为单瓣品种。同属的有黄花菜（金针菜）、小黄花菜、北黄花菜等。千叶萱草又称重瓣萱草，为优良观赏花卉。常见变种和品种有长筒萱草、大花萱草、紫纹萱草、玫瑰红萱草等。其适应性强，生长强健，对环境要求不严，不论何种土壤均可栽培，但以深厚肥沃，排水好的砂质土壤为佳。喜光，但也耐阴；喜肥，也耐贫瘠；性耐寒，北方可露地栽培；喜湿润，也耐干旱。每朵花一般开放1～2天；丛植时此萎彼开，

可连续开放数10天。

养诀

萱草以分株繁殖为主，也可用种子繁殖。分株繁殖：宜在早春萌芽前或秋季叶枯后。将掘出的根条剪去老根和过多须根，每丛带3～4个完整的芽头分栽覆土压实，浇透水，移入庇荫处，保持土壤湿润。春季分株，当年即可开花，一般3年分栽一次。种子繁殖：宜秋后播种。种子成熟后，采下要立即播种，约20天可出苗。植株一般需2年才能开花。萱草一经栽植，常数年不再移动，栽前应深翻土地，施足基肥。春、秋季皆宜栽植，株行距30厘米×40厘米或50厘米×60厘米，每穴种2～4株。种植不要太深，覆土盖住芽头即可。植后第二年适时追肥，幼苗期、孕蕾期和盛花期各追施液肥一次，花前和花期以补充磷、钾肥为主，也可喷施0.2%的磷酸二氢钾。生长期应适时浇水，给予充足水分，保持土壤疏松及湿润状态。雨季注意排水防涝，雨后松土除草，使土壤不板结，以利根系发育。花后剪去花梗消除株丛的枯残叶片，施入腐熟的堆肥，以利来年生长。主要病害有叶枯病和锈病，应及时防治。虫害有金龟子、木尺蠖为害，可人工捕杀。

妙用

萱草是庭院及园林中理想的观花观叶花卉。园林中多作花境、花径栽培，常栽植于花坛中心、路边、坡地，岩石园中丛植、行植、片植。农村中常零星种植于沟边、地边和田坎上，一次栽种，可多年收益。它对空气中的有毒气体氟化氢有较强抵抗能力。可作为大气中氟化氢、重金属蒸气的监测指示植物。花蕾可做蔬菜，常用干制品。根、花及嫩苗都可入药。根稍有毒，有清热利尿、凉血解毒作用。花与嫩苗有除湿热、利胸膈等作用。

26. 高洁雅士——木芙蓉

简介

木芙蓉，别名：芙蓉花、水芙蓉、木莲、地芙蓉、华木、醉芙蓉、七星花等。木芙蓉单叶互生，3 ~ 5 掌状分裂，裂片三角形，边缘有锯齿，两面均有毛。花大，单生于枝端或叶腋，花冠白色或淡红色，后变为深红色；多为重瓣，间或有单瓣。蒴果扁球形，密被黄色毛。花期 9 ~ 10 月，果期 12 月。原产于我国黄河流域及华东、华南各地。除东北、西北地区外，全国各地都有分布和栽培，四川成都最盛。成都有“蓉城”之称，是该市市花。常见的品种有：红芙蓉、醉芙蓉、黄芙蓉、大红芙蓉、鸳鸯芙蓉、七星芙蓉、西洋芙蓉。性喜阳光，略耐阴。喜温暖湿润的气候，不耐寒。长江以北，秋末冬初，植株地上部分枯萎，呈宿根状，翌年春季从根部萌发新枝芽，生长迅速。忌干旱，耐水湿。对土质选择不严，但以潮湿、富含有机质的砂质壤土为佳。适应性较强，萌枝力也较强，耐修剪。

养诀

木芙蓉可采取扦插、分株、压条、播种法繁殖。以扦插繁殖为主。于冬季落叶后，选当年生粗壮枝条，剪成长 15 ~ 20 厘米的小段，捆扎沙藏。储藏期间，要防冻害与霉烂。翌年 3 月上、中旬开沟栽插，株行距 8 厘米 ×25 厘米，露地栽插株行距约 6 厘米。插后填土压实，浇透水，行间铺草，保持土壤湿润，成活率高达 90%。分株繁殖：于早春尚未发芽时进行。先在基部以上 10 厘米处截干，将母株掘起，分成若干株，另行湿土干栽，1 周后再浇水。

分株后生长快，当年秋季即可开花。播种繁殖：宜在春季，覆土宜薄，播后保持苗床湿润，约经1个月即可出苗。木芙蓉畏寒，南方多地栽，北方作盆栽。盆栽宜用大盆。盆土园土7份、堆肥3份混匀。栽后置向阳处，保持盆土湿润。发芽后留4～6个壮芽，其余的芽随时摘除。株高30厘米时，留基部2～3片叶，剪去枝梢，促进分枝。生育期间除加强肥水和松土管理，尤应追施磷、钾肥，以促进花芽分化。并注意防治蚜虫、红蜘蛛及甲壳虫等。花谢后将枝干离土表5～8厘米处截断，入冷室越冬，保持室温3～10℃即可，翌年春季出室前倒盆换土。地栽选背风向阳处，3月中、下旬带宿土移栽。栽后易活，萌枝多而乱，应及时修剪和抹芽。春季萌芽期，要多施肥水，生长期应增磷肥。开花时要浇足水，防早落花。若花蕾过多，应适当疏蕾，以使花大色艳。入冬要培土防冻，春暖后再扒开壅土。

妙用

木芙蓉晚秋开花，花大色鲜艳，为花中珍品。我国自古以来广泛在庭园中栽培，丛植、列植于墙边、路旁，栽培于坡地。还可植于池边、湖畔、水滨，与垂柳、桃花为伴。它适应性强，可在铁路、公路和沟渠边种植，既能护路、护堤，又可美化环境。它对大气中二氧化硫抗性特别强，对氯气、氯化氢有较强抗性，适宜于工矿地区栽种，既净化空气又美化环境。根、叶、花均可入药，有清热解毒、消肿排脓、散淤止血、通经活血的功能。主治痈肿、疔疮、烫伤、肺热咳嗽、吐血、白带、崩漏等症。花可食用，制作多种保健菜和保健茶饮。茎皮含39%的纤维素，其柔润而耐水，可作缆索和纺织品原料，也可造纸，既美观又耐用。

27. 初春使者——迎春花

简介

迎春花，别名：满条金、金腰带、小黄花、金钟花、清明花、黄梅、金梅、黄素馨，洋素馨。迎春花复叶对生，小叶 3 枚，卵形或长椭圆状卵形，先端急尖。花先叶开放，单生，两性；着生于叶腋或顶生，形如喇叭；花冠六裂鲜黄色，外染红晕。花期 2 ～ 4 月，有清香。浆果紫黑色。原产于我国北部、西北、西南各地。生于海拔 700 ～ 2 500 米地区，自生于灌木丛中的岩缝里。现秦岭崖石之下，武夷山沟壑之旁以至海南岛鹿回头之滨，仍可寻觅到野生的迎春花。其适应性强，喜阳光、温暖湿润环境，耐寒力强，稍耐阴。对土壤要求不严，易栽培，有“十栽九活”之说，耐旱、耐瘠薄、耐碱、耐空气干燥，但怕涝。在排水良好、肥沃土地生长繁茂。浅根性，萌芽、萌蘖力强，枝端着地极易生根，常成片丛生，可摘心、修剪和扎型。

养诀

采用分株、扦插和压条法繁殖。分株繁殖：于早春开花前进行。一株多年生母株可分成数十株小丛，每丛 3 ～ 4 根枝条，栽植后很快即可开花。扦插繁殖：多在早春，采 1 年生充实的枝条截成 15 厘米长小段，插入土中深度为插穗长的 1/2，1 个月后可生根。在生长季节采嫩枝扦插，也易成活。还可水插繁殖。其插穗选当年生健壮、芽眼饱满的枝条，长 8 ～ 12 厘米，2 ～ 4 节，除去上半段的叶片；容器为口径较大的花盆或浅底的广口瓶等。培养水为清洁雨水、河水或自来水，水温保持 15 ～ 20℃，深度为 8 ～ 10 厘米。此法四季均可进行。冬季宜放在室内向阳处，夏季应遮阴防烈日直射。每 10 根扎一把，排列于 4 ～ 6 厘米水深处，置室外通风半阴处，每隔 3 ～ 5 天换水一次，35 ～ 40 天生根，根长 3 ～ 5 厘米即可移植，经遮阴10天左右，可正常管理。压条多于5～8月进行。其硬、嫩枝条着地很易生根，每个节部在当年可长出3～5根枝条，翌年春季即可剪离母体另栽。

迎春花可地栽与盆栽。地栽前，应施足基肥。植后每年秋季落叶后增施一次腐熟有机肥。生长季节，常灌水不追肥。立秋后不要灌溉，以防徒长。冬前灌足冻水。苗木定植后，任其自长或丛生灌木状选留1个中心主枝，留基部30～40厘米短截，剪去其他丛生枝条，促侧枝从主干上发出，全年摘心3～4次，促进分枝增多。可选老桩上盆栽植，通过修剪保留适当枝条，然后扎成各种扎景和图案造型，或制成树桩盆景。盆栽，选中等深度的筒盆，盆底垫层泡沫块，花谢1周内翻盆换土，消除内膛枯枝。生长期保持盆土稍偏湿润，以施用氮磷钾复合液肥或颗粒肥，忌单施氮肥。每年翻盆换土时，培养土中加腐熟有机肥或复合肥作基肥。20～30天后施一次液肥，促长枝叶。夏秋之交花芽分化期，于6月中旬和8月中旬各施一次复合肥，并叶面喷施0.2%磷酸二氢钾溶液1～2次，促其花芽分化孕蕾。秋末冬初再施一次肥，使花蕾发育膨大，其余时间不施肥。盆栽催花可在花前2～3周，将其切枝插于水中，室温为10～15℃，每日向枝干、叶喷水1～2次，则可分别于元旦、春节开花。花后应适当降低室温，注意防风直吹，可延长花期。迎春花常见病虫较少，主要是蚜虫为害，应及时防治。

妙用

迎春花在我国是吉祥而有朝气的象征，是各处园林和庭院春季重要花木。宜配植池畔、水滨、洞边、石隙、墙隅、悬崖，能随处扎根无不适宜。亦可庭院前阶旁丛植，最好筑一高台，可使其枝条向下铺散下垂，春季观花，夏季赏叶，冬季观看绿色。迎春花枝叶含硬化春花苷、丁香苷、苦味质。叶有解毒消肿、理气止血的功用，主治咽喉肿痛、痈疖红肿、扭伤等病症。花干涩、性平，具有清热利湿、解毒的功效，主治尿路感染、疮毒等病症。外用以鲜叶捣敷患处，或煎水坐浴。

28. 与恐龙共荣——苏铁

简介

苏铁，别名：铁树、凤尾蕉、凤尾松。还名番蕉、避火蕉、凤尾棕、铁甲松、金边凤尾等。系地球上最古老的孑遗植物。曾与恐龙同时称霸地球，被誉为“植物活化石”、“植物界的大熊猫”，被列为世界上最珍贵的一类重点保护的濒危植物之一。苏铁大型羽状复叶簇生于茎顶，小叶线形，V形排列，初生时内卷，成长后挺直刚硬，先端尖，厚革质，深绿色。花顶生，雌雄异株。雄花生于叶之内侧，圆柱形；雌花生于茎顶，头状半球形。种子卵圆形，微扁，顶凹，熟时朱红色。花期6～8月，果熟期10月。原产于亚洲的热带或亚热带地区。现存3科11属约270多种。我国是原产地之一，仅1科1属(苏铁属)约有25种，其中不少还是我国特有种，大多是形体优美的观赏树种。主要分布于福建、台湾、广东、广西、云南、海南、四川、贵州、湖南等地。常见栽培观赏种有：华南苏铁、叉叶苏铁、篦齿苏铁、台湾苏铁、云南苏铁、攀枝花苏铁、海南苏铁等。性喜温暖、湿润和阳光充足、通风良好的环境。不耐寒，新叶萌生期适温25～28℃，10℃以下生长停滞，低于0℃极易受害。不耐水湿怕积水，夏季高温多雨对其生长极为不利。除夏季外，喜全日照，也能耐半阴。以肥沃微酸性砂质壤土为宜。生长缓慢，寿命很长。在华南地区，10年生以上的植株，几乎都能开花结子。

养诀

常用播种、分蘖法繁殖。播种可秋末采种贮藏，于春末点播。种子大而坚硬，播前50℃温水浸种24小时，捞出擦干，再用稀盐酸或稀硫酸浸泡10～15分钟后，清水漂洗；或水浸1周，每天换清水一次，至种皮膨胀变软，用粗沙或研钵研磨使种皮破损。处理后的种子播于室内深盆或木箱中，覆土 2 ～ 3 厘米，浇透水，外盖塑料膜保湿，置于弱光处，平时注意通风保湿，经 2 周后可发芽。翌年待苗木 2 片叶以上时移植。分蘖法最常用，宜早春 3 ～ 4 月结合换盆，将生长健壮的多年生茎基部或茎干上长出蘖芽，切割栽于粗沙和营养土各半的盆内，置于半阴处养护控制浇水，温度保持 27 ～ 30℃，很易成活。亦可切片埋栽法，将茎干切成 10 ～ 15 厘米的片段，随即浅埋在湿润的素沙土中，使其在干茎部长出新芽，再行分栽培养。还可人工培育品位观赏高的多头苏铁。做法是：春季脱盆，主茎 0.2% ～ 0.3% 高锰酸钾溶液浸泡消毒 20 分钟，

晾干后将顶芽削去，刀口用硫黄粉或草木灰封住后，重新种植，置弱光处养护。待削面长出多芽时，选留健壮、方向好的数枚新芽，其余摘除，培育 2 ～ 3 年后即可形成多头苏铁。盆栽 2 ～ 3 年，于早春新叶未长前换盆，去掉腐朽根和部分旧土，用泥炭土或腐殖土加 20% 粗沙及少量基肥配成培养土。盆底多垫瓦片，以利排水。上盆后先于散光处养护 2 ～ 3 周。夏季遮阴，其他季节应摆放阳光充足处。春末夏初新叶生长期，应控制浇水量，早晚用水喷叶。完全展叶后见干见湿浇水，忌盆土积水，秋季可适当控水，冬季少浇水，以半干半湿而偏干为宜。新叶旺长期，应每 1 ～ 2 周施用一次液肥，叶面交替喷 0.2% ～ 0.3% 硫酸亚铁和磷酸二氢钾液，新叶完全长出后，可减少施肥次数。在华北地区，通常 4 月上中旬搬至室外，10 月中旬以后搬回室内。苏铁抗病虫害能力强，但通风不良，过于荫蔽，易遭甲壳虫为害，应加强通风与光照，并及时防治。

妙用

铁树在我国是吉祥长寿之树。在南方地区，可孤植、对植、丛植或列植于风景区、园林绿地等；与宫殿、庙坛、府第、教堂、古塔、古城等古建筑配置既非常和谐，又充分体现它外形外貌的苍劲，且可加深古建筑物的历史感及其旺盛的生命力。它叶油润光洁，是作切花配置花束、花篮的高档材料。根，茎，叶、花

均可入药。叶性微温，味甘酸，有小毒，具有收敛止血、解毒止痛之功，常用于胃痛、吐血、妇女闭经、宫颈癌等症，外敷可治创伤出血。花性微温，味甘，有小毒，用于妇女白带、痛经等症；果有消炎止血，用于痰多咳嗽、肠炎痢疾、消化不良、支气管炎、呃逆等症；种子可降压；根有祛风活络、补肾，可治筋骨疼痛、风湿麻木等症。种子、根及茎顶心含有毒性，须慎用，孕妇和小儿忌服。

29. 艳繁照日红——扶桑

简介

扶桑，别名：朱槿、赤槿、小牡丹、大红花、桑槿。扶桑叶互生，边缘有 3 ~ 7 浅裂，似桑叶。花大，单生于叶腋，形似漏斗，有单瓣、重瓣。单瓣花蕊超出花冠之外，花色有玫瑰红、大红、粉红色。重瓣花的花蕊均不超出花冠，有红、粉红、浅粉、白、橙黄和黄色等。花期长，全年开花不断，以夏季为盛。每朵花仅开 1 ~ 2 天。蒴果卵圆形，光滑，有喙。原产于我国西南部、印度和马来西亚热带亚热带地区。在我国华南地区栽培很普遍，尤以广东、福建、云南和台湾等省栽培较多，长江流域及以北地区多为温室盆栽。同属植物有木芙蓉、拱手花篮等。常见变种、变型有黄花扶桑、花叶扶桑、红扶桑、橙色扶桑、大花扶桑、重瓣扶桑（又名重瓣朱槿）。喜温暖湿润的气候，不耐寒、怕霜冻，不耐干旱和瘠薄，耐半阴。栽培地全日照或半日照均宜。喜肥，土质为富含有机质、肥沃与排水良好的微酸性壤土。耐修剪，发枝力强，抗逆性强，易生长，病虫害少。生长适温 15 ~ 25℃，在 30℃以上的高温下，仍能正常生长。越冬温度不低于 5℃，低于 0℃即遭冻害。

养诀

扶桑以扦插繁殖为主。早春温室内结合修剪整枝，选取 1 ~ 2 年生半木质化健壮枝条，长10厘米，上具3～4个芽，插前蘸少许维生素B_{12}药液，再插入素土盆中，浇透水，用塑料袋罩好。置阳光充足处，每天喷水1次，一般30天左右即可生根，60天可分盆。室外扦插于4～7月。苗床基质宜选通气性好的粗河沙，冲洗后再用100℃沸水消毒。插床厚度15～20厘米。扦插深度为3～4厘米，株行距4厘米×4厘米。插后喷水、庇荫、盖薄膜，在18～25℃温度和70%～80%的相对湿度下，约经1个月生根。栽培扶桑，除华南地区外，多作为盆栽；秋季10月下旬应入室，置向阳通风处。冬季室温保持10～15℃。越冬期间，盆土宜略干忌湿，可5～7天浇一次水，水量不宜过多，并停止施肥。翌年春季谷雨后方可出室。出室前，于25厘米左右高度处，将枝条全部短截修剪，对2～3年生植株进行重剪，对各侧枝基部保留2～3个芽，将上部剪去。此后，每年春季结合换盆短截修剪，栽入泥炭土或腐叶土，加1/4河沙及少量基肥配制成培养土。生育期给予充足的水肥。春、秋季每2～3天浇一次透水，夏季每天早晚各浇一次，并向植株及盆周喷水。雨季及时排除盆内积水。春、夏、秋三季生长期，每周施一次腐熟有机液肥，忌生肥和浓肥。10月份以后停止施肥。开花后应及时剪除徒长枝，并给予充足光照。扶桑常有蚜虫、介壳虫为害，并伴发煤污病。可用40%氧化乐果乳油1 500～2 000倍液喷洒。

妙用

扶桑是园林、庭院绿化、美化理想的花木之一。配植于池畔、亭前、墙边、街道两旁或居家宅院，还可作花篱和花墙，或编成镂空的花窗，扎成狮子、老虎等形象，是庆贺开业作花篮、花牌最佳花卉之一。其还有抗氯气和二氧化硫等大气污染，有净化空气的作用和隔绝噪音的效能。也可作蔬菜食用，尤以白扶桑花清甜爽滑，具有润喉补肺功效，也可作花茶饮用。皮、根和种子可入药，还可制香水、香乳等。花具有清肺、化痰、凉血、解毒之功效，又是一种天然食用的无毒染色素。用盐梅浸渍，可得红色浆液，用于制作蜜饯和糕点，味甘酸可口，可增进食欲；叶有消痈解毒止血之功效；根有调经止带之效；茎皮纤维洁白韧性很强，是制作麻袋、绳索的好原料。

30. 吉祥之花——君子兰

简介

君子兰，别名：剑叶石蒜、大叶石蒜。还称大花君子兰、达木兰。君子兰茎干短而粗，鳞茎具有节和节间，茎的顶端有叶芽的生长点。叶形似箭，宽厚亮绿，叶脉隆起，互生排列，全缘。花梗自叶丛中抽出，伞状花序生于花葶顶部，着生小花10～30朵；漏斗形，直立；橙红或橘黄色。自然花期4～5月。花开长达30～50天，以冬、春季节为主，元旦至春节前后也开放。果实为浆果，球形，未成熟时绿色，成熟后红色；每个果实中含种子数粒。原产于非洲南部森林之中的野生花卉。19世纪初引入我国，主要有德国引进垂笑君子兰和日本大花君子兰。尤其是长春的君子兰其独具特色的金凤凰精品系列，有短叶、黄圆头、大花脸等多种优良品种。均喜温暖湿润气候及半阴湿环境。不耐寒，忌高温。喜凉爽，怕烈日直射。生长适温15～25℃，冬季需保持5～8℃，5℃以下生长受抑制，夏季气温超过25℃，叶生长缓慢，春、秋雨季是适宜生长的季节。略耐旱，忌积水。喜疏松透气并富含腐殖质的砂壤土，忌盐碱。

养诀

君子兰用播种或分株法繁殖。播种繁殖：经人工授粉果实8～9月成熟，即采即播，种孔朝下播在沙床或浅盆内，间距1～2厘米，覆土以盖过种子为度，浇透水，用薄膜或玻璃覆盖，保持湿润及适温20～25℃，1个月左右即可发芽。此后适当控水，给予充足光照。一般种苗第一年只长2片叶。分株繁殖：于春、秋季结合翻盆，将母株周围分蘖芽带肉质根切离，切口涂木炭粉，待伤口干后上盆栽植，约1个月即可生根，养2～3年可开花。每年换盆一次，盆土以腐叶土、泥炭土添加基肥。盆底填充碎砖块等。上盆后宜摆放遮阴阳台及室内光亮处。每周转换盆向，使受光均匀。春、秋、冬生长旺盛季供足肥水。常保持盆土湿润，忌积水及将水淋入株心和叶柄内，以防发生烂根、烂心。夏季高温期及秋末至花箭抽出后，盆土应适当干燥，可用湿抹布揩擦叶片，既增湿又去尘。每3～4周施一次液体肥料，施肥宁淡勿浓。可用发酵的有机肥或复合化肥。夏季高温应停止施肥。并注意，避雨防涝及阳光直射。抽生花葶时每周施一次以磷素为主薄肥，并保持日间室温20℃以上、夜间12℃左右，以防出现花葶夹在叶缝无法开花。常见害虫为介壳虫。发现时及早除治。

妙用

君子兰是一季观花、三季观果、四季观叶室内陈列的名贵花卉之一。摆放在厅堂墙边的几案上，能为居室增添几分雅致。君子兰有较强的净化空气功能，叶面有很多气孔和绒毛，能分泌出大量的黏液，通过空气流通吸附粉尘，对空气起到过滤作用，减少室内含尘量。还能吸附家具、天花板、地板散发的甲醛、一氧化碳等有害气体，适于新居装修后净化空气。被誉为理想的“吸收机”和“除尘器”。此外，它还具有一定的药用价值，具有镇痛、降压、强心、降温、抗病毒、抗肿瘤的功效。国外还用于调制高级滋补饮料、香槟酒及清凉液等。

31. 凌波仙子——水仙花

简介

水仙花，别名：水中仙子、凌波仙子、江梅、雪中花等。我国福建省漳州市盛产水仙花，故又将其定为漳州市的市花。水仙花地下鳞茎肥大卵圆形，盘上着生数枚小鳞茎，根白色细长。叶由地下鳞茎抽出，4 ～ 9 枚，扁平狭长带状。花葶于叶丛中抽出，数朵至 10 余朵排列成伞形花序；花冠高脚碟状，花白色或黄、白复色；有单瓣与重瓣之分；花清香浓郁，花期 12 月至翌年 3 月。原产于欧洲地中海沿岸，北非、西亚也有分布。近年我国福建、浙江、台湾等地先后发现了大片野生水仙，故此证明中国亦为水仙原产地之一。同属植物约 30 种，有红口水仙、喇叭水仙、明星水仙、丁香水仙等，以福建漳州、上海崇明、浙江舟山所产为最有名。性喜温暖湿润环境，忌炎热高温。尤喜冬暖夏凉，春、秋多雨的气候。温度 20 ～ 24℃，相对湿度 70% ～ 80%，适宜其鳞茎膨大。花芽分化的适温 17 ～ 20℃，空气相对湿度 80%，温度超过 25℃以上时，花芽分化受到抑制。开花适温 10 ～ 20℃。喜光，系短日照花卉，每天只要有 10 小时光照就能正常生长发育。露地栽培宜选土层深厚、疏松、富含有机质、保水力强的黏质壤土或冲积砂壤土最好。水仙为秋植球根花卉，具有秋、冬季生长，早春开花并贮存养分，夏季休眠的习性。休眠期在鳞茎生长部分进行花芽分化。

养诀

以鳞茎分株或组培法繁殖。将着生在鳞茎球两侧的小球（俗称脚芽），掰下作为种球，此法增殖率低。大面积繁殖时，采用双鳞片埋藏方法，即将带有两块鳞片的茎盘小块密封在含水 50%的蛭石或含水 60%的沙中，置于 20 ～ 28℃的黑暗条件下。2 ~ 3 个月后，可长出幼小鳞茎，于 10 月下旬移植。此外，也可用茎尖或双鳞片茎盘块作为外植体，采用 MS 培养基，于 25℃下遮光或每天光照 16 小时，行组织培养。一般接种 6 ~ 8 周，生有叶、根后，即可移植到大田。大面积生产栽培应于秋季露地栽植球根，可采用三种方法：①旱地栽培法；②水田栽培法；③无土栽培法。

观赏性栽培常用水养法。为使水仙花能在圣诞节与春节期间开花，应在元旦前 40 天左右、春节前 35 天左右上盆。近年来冬季气候变暖，上盆时间应依当地的气候来调整。其做法：将 20 粒装的鳞茎，去掉外皮、护泥和枯根，用小刀从鳞茎腹背正中，由顶端向下各浅划一刀，深度不超过鳞茎厚度 1/3，不要伤及花芽。清水浸泡 1 天，洗净切口黏液，用脱脂棉敷于切口和根基，置于无底孔浅盆中，用卵石固定，加水深度以淹没鳞茎底座为宜。放阴暗处 3 ~ 5 天，根长了 3 厘米时，移至室内向阳窗口。上盆后，宜 1 ~ 2 天换水一次，水温应与室温接近，温度保持 13 ~ 16℃，35 ~ 40 天即开花。欲提前开花，可加入温水，或进行“憋花”，即傍晚将盆水倒尽，翌日晨加水，经过一段时间，花就“憋”出来。

妙用

水仙花是圣洁、美丽、吉祥、高尚的象征。是元旦、春节期间的重要室内观赏花卉。在温暖地带宜散植、丛植于草地、树坛、景物边缘或布置花坛、花境，可增添节日欢乐吉祥气氛。还对二氧化硫、一氧化碳、二氧化碳等污染物有较强的抗性。鳞茎入药，有清热解毒，散结消肿，活血通经。民间用鳞茎捣烂如泥状，敷治痈疮溃烂、乳痈等症，有较好疗效。鳞茎有一定毒性，不可直接服用，以免引起中毒。花有祛风醒脑，润泽肌肤，宁心除烦，可窨茶，其茶清香甘醇可口，如水仙花茶、水仙乌龙茶；又能提取香精，为高级香精原料。水仙的花、叶的汁液触及皮肤可致红肿，应特别注意别弄到眼睛里。

32. 浓香压九秋——茉莉花

简介

茉莉花，别名：抹厉、末利、没利、抹丽等。茉莉花单叶对生或 3 枚轮生，光亮，纸质，花白色，将谢时现淡紫色素晕，有单瓣与复瓣之分，复瓣居多，顶生或腋生呈聚伞花序，花朵单立或数朵排列，多于晚间 19 时至 21 时开花，具浓香。花期长，从初夏至晚秋，天天孕蕾，夜夜开放，花开不绝。花期 6 ～ 11 月。花后常不结实。原产于印度、伊朗及阿拉伯半岛。全世界约有 40 个品种，我国有 27 个，广布于南方各省。主产广东、福建、江苏、浙江、台湾、四川和云南等地。常见品种有：蔓性茉莉、木本茉莉、宝珠茉莉、金茉莉、洋茉莉 5 种，可地栽或盆栽。我国茉莉花栽培面积占世界栽培总面积的 2/3。茉莉花为长日照植物，性喜暖、喜光、不耐阴，喜湿润、忌涝怕旱、忌碱性，畏寒怕冷，需要充足光照、空气流通而又避西北风的环境。茎叶生长适温为 25℃以上，18℃以下不能正常萌芽抽梢。开花适温 25 ～ 35℃，低于 25℃花蕾不易形成。冬季室温应不低于 5℃，以保持 10℃左右较合适。适于在肥沃、湿润和排水良好的微酸性土壤生长。性喜大水大肥，耐肥力强。

养诀

繁殖茉莉花，采用扦插、压条和分株法均可。压条繁殖：于雨季选长枝，在离母株 15 厘米具节处刻伤后，压入另一盆中，覆土 10 厘米厚保湿，40 ～ 50 天生根后切离母体，另植当年可见花。分株繁殖：宜选大盆，于春季出室结合换盆，每盆植 3 ～ 4 株，植深较根茎土痕略深，栽后浇透水，置半阴处，常保湿，直至生根发芽后转入正常管理。扦插繁殖：温度20℃以上时，可随时进行。插时选发育健壮、枝条充实、无病虫害的当年生枝条或2年生12～15厘米、有4～5节和3个以上叶芽的枝条作插穗。南方地区5～6月进行，北方地区7～8月。盆插基质用净土、蛭石或珍珠岩均可。插后遮阴，约30天生根，次年开花。盆栽：换盆以4月下旬新梢尚未萌生前，应选用大盆器。浇水应在盆干、叶软时，于中午前后进行，水温应略高于土温。“三伏天”，要对叶面喷水。

孕蕾期及7月盛花期绝不可缺水。晚秋与冬季，要少浇水。出房前盆花要“带湿偏干”。除施足基肥外，从春季萌芽到晚秋，每隔7～10天追施腐熟有机质液肥一次。其间喷数次0.1%尿素和0.2%磷酸二氢钾肥液。施前上午浇水，傍晚施液肥。7～8月温度高生长快，应大肥、大水和大晒。每周施2次有机肥，10月后停施肥。家庭盆养可施淘米水、牛奶、豆浆及啤酒的残汁剩水。北方盆栽浇灌1 ∶ 500的硫酸亚铁水溶液或用青草所泡的水，气温6～7℃时移入室内，勿置有风处及变动位置，并注意通风换气。清明前搬出户外，摆放光照下。每年结合换盆，剪掉老根与腐根，去除老叶，修剪弱枝，对上年枝条短截，保留基部10～15厘米；新枝或徒长枝，于10厘米处摘心。盛花期应随时摘除残花。多年生老株，于早春离盆面3厘米以上枝干全部剪除，可促发新枝。常见白绢病、褐斑病，虫害有卷叶蛾、红蜘蛛和介壳虫为害，发现后及时防治。

妙用

茉莉花为纯洁、热情与和蔼可亲的象征，是爱情与友谊之花。在菲律宾，茉莉被定为国花。每有贵宾来访，好客的主人将茉莉结缀成花环，挂到客人脖子上，以示亲善与尊敬。它是居家的好伙伴。能消除室内异味，清洁呼吸道，有降压、安神之效。所散发出来的挥发性油具有杀菌、抑菌作用，可杀死白喉杆菌、结核杆菌和痢疾杆菌等病菌。也是一味保健养生、调节生活的芳香药物。花，甘温，理气解郁，辟秽和中，治头晕头痛、下痢腹痛等；叶，清热解表，用于外感发热、腹胀腹泻；根，麻醉止痛，多用外敷肿痛；茉莉花露，清热郁气，和胃生津。花可熏制名茶，提制香精，是饮料制作、美容化妆品生产、香皂制造等工业的重要原料。

33. 九里飘香——桂花

简介

桂花，别名：木犀、丹桂、金桂、岩桂、银桂、九里香、金粟和仙树。桂花单叶对生，革质。花簇生于叶腋或枝顶，聚伞花序，花小，由 5 ～ 9 朵花组成，浓香，有橙红、橙、淡黄、黄白、白等色，花期 9 ～ 10 月。核果椭圆形，熟时紫黑色。原产于我国西南部喜马拉雅山东段，生于海拔 800 ～ 2 500 米，丛生于山野岩岭间及丘陵地区。全世界有 31 种，我国 25 种，现四川、陕西、云南、浙江、安徽、广东、广西和湖北均有野生分布。常见的栽培变种有：金桂、银桂、丹桂和四季桂。印度、尼泊尔、柬埔寨等国也有分布。性喜光，耐半阴，好温暖，稍耐寒，喜湿润凉爽通风环境，不耐干旱，怕积水与煤烟。喜富含腐殖质的微酸性砂质壤土。生长发育适温 25 ～ 28℃，超过 30℃，对生长稍有影响，低于 −6℃时可发生冻害。

养诀

桂花可用播种、压条、扦插和嫁接法繁殖，盆栽优良品种多用嫁接和扦插繁殖。嫁接繁殖分靠接与切接。靠接成活率高，生长快，北方习惯用小叶女贞做砧木。4 月初，选直径 0.8 厘米，2 ～ 3 年生树苗上盆，使主干向一侧偏斜。7 月初选粗细与砧木相近的接穗，用平削法靠接，两者切面应紧贴，用塑料布条缠紧。愈合后 1 个半月，剪离母体，置半阴处养护数天，再摆放有阳光的地方，当年可见花。扦插繁殖可在 6 月，选当年生木质化充实枝条，长 7 ～ 10 厘米，留上部 1 ～ 2 片叶，下切口用 500 毫克 / 升的 2 号 ABT 生根粉，浸泡 5 秒钟，稍晾后插入蛭石

和一般土壤内，盖膜遮阴，保持温度25～28℃，相对湿度85%～95%，1个月后即可生根。新根3～5厘米后，炼苗7～10天，即可移栽。移栽时，将根蘸加1%硫酸铜及0.5%尿素的泥浆。大苗于春、秋季移栽，南方多栽种于庭院。移植需带土球，植穴要深、大，应施足基肥。如植株较大需适当疏枝修剪，栽植后用木桩固定。北方多盆栽，应选枝叶分布匀称，矮而壮实的植株，以刚进入开花期1～4年生的幼树为宜。用素烧盆（瓦盆）或紫砂盆为好。盆土应选排水良好的中性或微酸性沙质土。一般以腐叶土5份、园土4份、砻糠灰1份，或山泥5份、腐殖土3份和沙土2份混匀调制。早春2月和初冬10～11月上盆为宜。每年换土一次，适当修剪过密和衰老须根。4～9月，置通风向阳处莳养。浇水要见干见湿，忌浇水过多或雨后盆内积水。花前保持湿润，花期要控制水分，以免落蕾落花。生长季节每7～10天施一次稀薄液肥。花前增施磷、钾复合肥，促蕾促花。花后追肥，宜淡不宜浓。生长后期，易丛生蘖枝，可修剪成球形，也可剪除蘖枝，育成独干。花后要整形，并剪除干枯枝、病虫枝、徒长枝和细弱枝。霜降前后，移至0℃以上冷室内越冬，保持盆土略湿润，使其充分休眠，有利于来年开花。出室宜晚不宜早，一般在清明后出室，出室前应先炼苗。易发生炭疽病、褐斑病、煤烟病和粉虱、介壳虫、叶蝉等病虫为害，可用多菌灵、百菌清和敌杀死等防治。

妙用

桂花是集绿化、美化、香化于一体的，具有观赏和实用价值的优良园林树种。是崇高、贞洁、荣誉、友谊和吉祥的象征。云南傣族泼水节，就是用桂枝将水拂到客人身上，祝愿吉祥。桂花对氯、二氧化硫、氟化氢等有毒气体有一定的抗性，还有较强的吸尘滞粉尘能力，是工矿区绿化的优良花木；桂枝干柔韧，易蟠扎，是制作盆景的好材料，还是良好插花材料，供瓶插水养时间较长。其木材质坚实，是做高级工艺品的好品材。桂花花粉被世界上称为“全营养食品”。花酿制桂花酒是延年益寿滋补佳品，经蒸制“桂花露”有疏肝理气，健脾开胃的功效；熏制桂花茶有减肥、美容之效；提炼香精，是名贵化妆品原料；用桂花可作桂花糕、糖、晶、蜜和饮料等食品。桂花入药，散淤破结，化痰镇咳，止牙痛，消口臭，提精神，和颜色；根可治风湿麻木、筋骨疼痛；皮可提取染料、鞣料；叶可作为调料，为食品增进清香。

34. 出水芙蓉——荷花

简介

荷花，别名：莲花、芙蕖、菡萏、水芙蓉、水华、水芸、六月春、玉环、朱华和君子花等。荷花无明显主根，地下茎肥大多节，节下长生不定根，在浅水泥中横生；圆柱形，中有孔洞，称“藕节”或“藕鞭”。花单生花梗顶端，挺出水面，花瓣多数，嵌生在花托穴内，有红、粉红、白、紫等色，有单瓣、重瓣、重台、千瓣之分。花谢后膨大的花托称为莲蓬，上有多个莲室，每个心皮形成一个椭圆形的小坚果，俗称莲子。花期6～9月，日开夜闭，次日复开，每朵花开时间为3～4天。果熟期为9～10月。荷花原产于中国、印度、斯里兰卡、日本等国。自生或栽培于湖泊、沼泽、池塘和水田内。我国荷花品种繁多，已知的就有200多个。分为藕莲、子莲和花莲三大系统。喜阳光、温暖湿润的环境。喜水，宜浅水，忌深水，怕大水淹没和狂风吹袭。喜温，不耐霜冻及突然降温。喜光，不耐遮阴，生育期要求充足的光照，全日照下生育良好。喜肥，要求富含腐殖质的微酸性壤土或黏质土壤，pH6.5～7.5。对温度要求严格，8～10℃时开始萌芽，14℃时抽生地下茎，18～21℃开始抽生立叶，23～30℃对花蕾发育和开花最为适宜，10℃以下停

止生长而休眠，5℃以下受冻。莲子寿命很长，可达千年之久。

养诀

可用分株、播种法繁殖。生产上多用分株法。于清明前后分株为佳。暖地宜早，寒地宜迟。用新掘取强健（2 ~ 3 节，保留尾节）、顶芽无损的藕段，保存护泥，平栽于施足基肥的盆、缸或池塘泥中，深度 10 ~ 15 厘米，首尾相连，叫做“藏头露尾”。铺上 3 ~ 5 厘米厚粗沙，封住泥土，2 ~ 3 天后，泥土稍干再开始灌水，并随生长期逐渐加深水位。每隔 2 ~ 3 年分栽一次。盆缸栽培，用约 25 厘米厚的河泥垫底，加适量豆饼、骨粉等基肥，将种藕沿盆边摆放 1 ~ 2 条，头低尾高，朝南斜向栽植，覆土 3 ~ 10 厘米，灌水到盆口齐平。次日，再把盆中水淘干，晒一两天待泥土沉实贴紧种藕后再注水，水的深度保持在泥上 3 ~ 5 厘米，待小叶露出水面，可追施腐熟稀薄饼肥水，生育期每月施一次。缸栽常孳生孑孓和其他水虫，缸中养小鱼灭虫。冬季倒出水，保持缸内泥土湿润即可。冷室贮藏越冬，温度应保持 5 ~ 8 ℃。池栽荷花，早春将池内泥土翻松施入大粪、豆饼和过磷酸钙等作基肥，耙平后阳光暴晒数天再灌水。行距 1.5 ~ 2 米，穴距 1 ~ 1.5 米，植深 10 ~ 15 厘米，每穴栽子藕 2 枝或亲藕、子藕各 1 枝，稍压紧，防止浮起。灌水深度需按生育期逐渐加深。早春水深 10 ~ 20 厘米，夏季水深 60 ~ 80 厘米，秋、冬水深 100 厘米。生长季节，施肥应把握薄肥轻施，及时清除稗草等杂草和浮萍、藻类。秋、冬季剪掉枯枝、烂叶。冬前或早春采藕。每隔 2 ~ 3 年，将老藕挖出，重新栽植一次，防止地下茎过于密集而影响开花。

妙用

荷花在我国人民心目中是真、善、美的象征。在佛教中，它被视为“佛花”，代表崇高、圣洁、平安、光明等意境。现园林中广泛用在水池、湖面景观布置等。还可供插花用。荷花全身是宝，各个部分是药食兼优保健、防病之佳品。藕、莲子供食用，是营养滋补品；叶、梗、莲蓬、花蕊均可入药，具有养心安神、益肾、补脾的功效。荷花有镇心、驻颜、轻身、活血、去湿、清暑、化痰之功。其雄蕊称为莲须，能清心通肾，益血固精，乌发，止崩漏等。

35. 花中珍品——山茶花

简介

山茶花，别名：茶花、玉茗花，晚山茶、洋茶、滇茶、照殿仁，山椿、石榴茶、海石榴和曼陀罗树等。山茶花单叶互生，革质，卵形、倒卵形或椭圆形。花两性，

单生或 2 ～ 3 朵着生于枝顶或叶腋，花瓣 5 ～ 7 枚，萼密被短毛，有单瓣、重瓣之分，花色有白、粉白、红、粉红、玫瑰红、深红、黄色、紫斑纹等色，花期 11 月至翌年 3 月。蒴果球形，种子褐色。多数园艺栽培品种不结实。原产于我国，目前，广泛栽培的山茶花有：华东山茶、云南山茶、梅茶、野山茶等。国内外名贵茶花品种有：十八学士、赤丹、壮元红、金花茶、恨天高、童子面、朱砂紫袍、大紫袍、雪皎、蝶恋香妃、伊丽莎白、贝拉大玫瑰、黑魔法、大朱砂、雪塔、粉西施、香太阳（香型）、黑骑士、奥斯卡等。喜温暖、湿润的气候，稍耐寒，畏酷暑；喜半阴，忌烈日暴晒，怕干风侵袭及涝渍；喜肥，忌生肥浓肥，宜疏松肥沃，排水良好、微酸性的砂质壤土，忌黏重土和碱性土。最佳生长适温 10 ～ 25℃，要求有一定温差，空气相对湿度以 60% ～ 80%为宜。在自然条件下，冬季最低温度不低于 5℃，夏季温度不超过 38℃，能正常生长与开花。大部分品种能忍受 −8℃的低温和 40℃的高温；若冬季较长时间温度低于 −13℃，则易遭冻害。

养诀

山茶花常用扦插与嫁接繁殖，可压条和播种。播种用于培育新品种或培养实生苗作砧木。扦插育苗：温度 25 ～ 30℃，相对湿度 85%以上时，极易成活。长

江流域于6月下旬，北方多在7月雨季时扦插。方法与其他花卉扦插大体相似。嫁接于5～6月，多用芽苗砧嫁接，或用成年山茶、油茶砧嫁接，采取换冠法；云南山茶则于5～6月，以白洋茶作砧木，进行靠接。压条南方于6月，常用高枝压条法，成活率比扦插高。于春、秋季带土栽植，地栽或盆栽。以山泥或松针腐叶土为主的培养土最为理想。宜选排水良好半阴处，栽在林缘下或常绿乔木的北侧。盆栽于陶质泥盆，上盆时施少量的腐熟有机肥，置于适当遮阴的阳台及室内光线明亮处。夏季应遮去50%～70%的光照，并喷水，通风降温。浇水要适量，过多易烂根，过少易萎蔫，以保持湿润为佳。浇水可用雨水或池塘水，若用自来水则需先放在缸中晾晒1～2天。浇时加入0.2%硫酸亚铁，以增加土壤酸性。生长期每半个月施一次液体肥，3～5月花后用0.2%的磷酸二氢钾和0.2%的尿素根外追肥，每周一次，连喷3次，可使春梢粗壮。6月停止施肥，8月后再施1次磷钾肥。1月初花盆入室再施一次0.2%的磷酸二氢钾。北方可长期使用矾肥水使盆土保持微酸性(矾肥水：10升清水加100克硫酸亚铁、200克豆饼粉、1 000克干禽粪泡沤，放阳光暴晒发酵1个月而成,用时酌加10～20倍清水)。护养中除及时将病虫害枝、枯枝和过密枝剪除外，一般不修剪。8～10月花芽长到豆粒般大小时，每枝留1～2蕾，多余除去。每隔1～2年翻盆换土，成株宜在9～10月，小苗可在春季进行。换盆后应浇透水，置于避光处，春、秋两季可用塑料袋罩住，并保持一定湿度，温度不宜超过20℃。主要病害有炭疽病和褐斑病，可用等量波尔多溶液或25%多菌灵可湿性粉剂1 000倍液喷洒防治。要及时防治蚜虫、介壳虫和红蜘蛛。于幼虫或若虫期喷洒40%氧化乐果或40%三氯杀螨醇1 000倍液杀虫效果良好。

妙用

山茶花为中国的传统园林名贵花木，适宜植于园林的假山旁、亭台附近。盆栽摆放门厅入口、阳台、窗台，可净化空气，消除室内异味；作切花瓶插观赏，可美化居室。山茶花对二氧化硫有很强抗性，对硫化氢、氯气、氟化氢、氮气等有明显抗性，是工厂、矿山和污染区绿化、观赏兼环保的优良花木。木材结构致密坚硬，供作雕刻和细工材料。花可食用，具有营养和保健作用。还可配茶花酒、制饮料。花、叶、根均可入药。花有凉血、止血散淤、消肿之功效；叶能治疗痈疽、肿毒；根能治疗腹胀痛。种子含油量45%以上，可供食用、润发、防锈、制皂、钟表润滑油及药用。

36. 花中西施——杜鹃花

简介

杜鹃花，别名：映山红、山鹃、山石榴、山踯躅、红踯躅、满山红、迎山红、山归来、应春花、清明花、杜宇、子规和布谷等。杜鹃花主干直立为单生或丛生；多分枝，枝细而直，互生或轮生；单叶互生，革质或纸质，披针形至卵圆形，全缘或有细齿；花两性，花大型，单瓣或重瓣，顶生、侧生或腋生，单花、少花或多花呈总状伞形花序，花冠漏斗状、钟状、碗状、辐射状，或管状；花有黄、白、粉、红、紫色及复色等。杜鹃花生命力极强，生于海拔500～1 200米的山地、山坡、丘陵和灌丛中。该属全世界约1 000种，分布于欧洲、亚洲及北美洲。我国分布最多，约有600种。杜鹃按花期分春鹃、夏鹃两类；在园艺栽培上分为春鹃、西鹃、毛鹃、夏鹃四个类型。同属植物有：锦绣杜鹃、白毛杜鹃、石岩杜鹃等。喜温暖、凉爽、湿润气候，喜疏阴，生长处透光率为30%左右最好。耐寒或稍耐寒，忌高温干燥。春季怕干热风侵袭，夏季忌烈日暴晒。适宜在排水良好、肥沃疏松、微酸性的土壤，忌石灰质的碱性土和黏性土。喜薄肥、忌浓肥，耐瘠薄，耐修剪，寿命长。生长适温12～25℃，昼夜温差5～6℃，5～10℃或30℃以上生长缓慢。花芽分化温度，白天18℃以上，夜间7℃；

4 ~ 0℃时休眠，能耐短期 0℃以下的低温。相对湿度以 70% ~ 90%为宜。

养诀

杜鹃可用播种、扦插、嫁接及压条法繁殖。常绿与落叶杜鹃常用播种繁殖，用于杂交后培育新品种。春鹃、夏鹃和西洋鹃，均主要用扦插繁殖，于 5 ~ 9 月，用当年生半木质化嫩枝或木质化新枝作插穗，以 1 000 ~ 2 000 毫克 / 升吲哚丁酸液浸 50 秒钟，或用 10 ~ 20 毫克 / 升吲哚丁酸浸 12 小时。随采随浸随插成活率高。嫁接时，以 2 ~ 3 年毛鹃作砧木，在春、秋季选健壮的当年生 3 ~ 5 厘米长优良品种嫩枝做接穗，劈接或靠接。对于不易繁殖品种，可用高压法，春鹃于花后，夏鹃 6 月份进行。毛鹃和夏鹃，在长江以南露地栽培，北方多盆栽。培植应做到“六勿”：盆勿大，泥勿粗，肥勿浓，水勿勤，晒勿过，置勿闷。施肥宜勤宜淡、充分腐熟，3 ~ 9 月生长季节，每月施 2 ~ 3 次，花前补充磷肥 2 ~ 3 次；花后追施适量氮肥。冬季休眠期不施肥。叶薄忌烈日，春、夏、秋用苇帘遮阴，早晚各晒 1 ~ 2 小时。秋末后不再遮光。冬前入室，天暖时移室外。若摆放于大棚（盆底垫高）或室内（窗口下），则宜保持通风良好及 80%的空气相对湿度，春季生长旺盛期，摘心 2 ~ 3 次，并抹掉不定芽；枝端花蕾过多，应每蕾只留一朵。花谢及时摘除残花，并适当疏去弱、病、枯、交叉、重叠枝和萌蘖枝与徒长枝，以保持株形美观。一般小苗每年换盆一次，大苗 2 ~ 3 年换一次，宜在春季花后或秋季孕蕾前进行。

妙用

杜鹃花在春、夏开花，是优良的盆景材料。最适宜在园林、庭院中配植于树丛、林下、溪边、池畔，以及草坪边成丛成片种植。盆栽摆设于室内外、雕琢桩景、盆景，置于阳台和室内供欣赏，其叶质厚有光泽，是硫化氢、甲醛、二甲苯、氟等有害气体的克星；又具有吸收放射性物质的功能；对氨气很敏感，可作监测氨的指示植物。此外，杜鹃花可食用。入药有调经、祛风湿的功效；树皮、枝叶可提制烤胶；木材、根兜，质地细腻坚韧，民间用于制盆、钵、水瓢等日用品，经久耐用。

37. 四时披秀——月季花

简介

月季花，别名：长春花、月月红、斗雪红、胜春、瘦客、四季蔷薇、四季红、艳雪红、绸春花、铜锥子、勒泡等。月季花叶互生，奇数羽状复叶。花单生或数朵簇生于枝顶，呈伞房花序或圆锥花序；花多为重瓣，花色多样，有大红、粉红、浅黄、黄、白、绿、紫及复色斑点等，具芳香。花期 5 ~ 10 月。原产于北半球，遍及亚、欧两大洲。我国是月季故乡，是世界蔷薇属植物的分布中心，而且是四季开花的月季花和香水月季的唯一产地和发源地。其品种与栽培技术，居世界前列。性喜日照充足、温暖湿润、肥沃微酸性壤土、空气流通和排水良好的环境。喜肥，耐严寒，抗污染，忌阴湿。多数品种生长适温为白天 20 ~ 25℃，夜间 12 ~ 15℃。低于 5℃时则进入休眠，持续高温 30℃以上时则进入半休眠。一般品种可耐 −15℃的低温，现已培育出能耐 −30℃低温的品种。

王远提供

养诀

月季用扦插、嫁接、播种和组织培养法繁殖。一般多用扦插或嫁接方法繁殖。扦插繁殖一年四季均可行，最佳时期是第一茬花谢后 1 周左右。剪条直接插入沙土或浸入水瓶中，基质用河沙与煤渣混合最好。在 25℃温度下，2 周后可生根。嫁接多行芽接法，6 月下旬至 8 月中旬均为适期。选健壮多花蔷薇或白玉棠作砧木。花后采花朵以下腋芽饱满、未萌发、有5片小叶的枝条作接穗。枝接和根接在早春2～3月进行。播种繁殖，多用于新品种的培育。无论是地栽或盆栽，着重抓住日照、施肥、修剪和治病虫害。月季喜光，不耐庇荫，夏季怕烈日暴晒，每天直接光照需在5小时以上，才能正常生育。月季喜肥，忌浓、生、热肥，应以充分发酵腐熟有机肥为主，如饼肥、鱼杂水、粪肥、骨粉等。要薄肥勤施。早春萌叶时不施肥，以免伤根。4月中旬至5月初、8月中旬后及出蕾前、开花后1周施肥一次，秋后逐步减少施肥，10月份之后施一次基肥，冬季停止施肥。在生长期对春季过多的幼芽疏除，主枝上保留2～3个健壮的芽，其余的摘去；另疏蕾，单枝大花品种，保留枝顶一个主蕾，其余的摘去。多花月季可摘除主蕾和过密的花蕾，使留下的花蕾分布均匀、丰满即可，并及时剪除砧木上的萌芽及不定芽所萌发的徒长枝。花后应将残花枝从基部上10厘米左右处剪去，以促使萌发新枝。对弱枝只剪残花下第一片叶着生处，强健枝多剪，但不超过全枝长度的1/2。未开花的封顶枝、强枝留2个芽，弱枝留1个芽，上部剪去。盆栽大花月季可强剪，去除全株的2/3，留2～3个主枝，主枝高度留8～15厘米；易发枝的勤花品种，可剪去1/2；微型品种，要适当多留枝条，可剪去1/3。4月份是月季生长的盛期和孕蕾季节，不可重剪，只去除枯、徒长枝和弱枝。主要虫害有蚜虫、红蜘蛛、介壳虫等；病害主要有白粉病、黑斑病、枯枝病等。应及时防治。

王远提供

妙用

园林中作为花坛、花境、花丛的主材，或布置面积较大的月季园。城市中的道路两边、中心隔离带、立交桥等处作为花径，还可作切花装点居室空间。月季能较强地吸收空气中的苯、硫化氢、二氧化碳、氟化氢等有害物质，还能吸收乙醚、二氧化氮和氯气；还能散发出具有杀菌作用的挥发油，有净化空气的功能，是美化、净化、保护人类生活环境的花卉。月季花还是提取香精的重要原料。花瓣可食。花、根、叶均可入药，有活血调经、解毒、消肿功效。

38. 国色天香——牡丹

简介

牡丹，别名：花王、鹿韭、富贵花、洛阳王、天都神花、宝贵花、鼠姑、谷雨花、唐狮子，西藏称“边也梅朵”（意为吉祥如意）。牡丹花大型，两性花，单生枝顶；有单瓣，重瓣，千瓣等类；花形多种，花色丰富，有黄、白、红、紫、绿及复色等，鲜有黑色。芙蓉果成熟开裂，种子黑褐色。花期4～5月，果期9月。原产于我国西北部，至今，陕西、甘肃和宁夏，以及黄土高原与秦岭一带，为其分布中心，这些地区仍有野生牡丹种生存。现各地均有栽培，以河南洛阳、安徽亳州、山东菏泽所产最为有名，有“洛阳牡丹甲天下”之说。牡丹喜夏不耐酷热，较耐寒，能耐受 −20℃低温。耐旱，怕高温炎热。日平均气温超过 27℃，极端最高气温超过 35℃时，生长不良，枝条皱缩，叶片枯萎脱落。忌湿涝，喜向阳干燥和背风。在年平均温度 12 ～ 15℃的地方可广泛栽培。最适生长温度 18 ～ 25℃，开花适温 16 ～ 18℃。开花时忌烈日，宜半阴。土壤平均相对湿度以 50%左右为宜，喜土层深厚、疏松肥沃、排水良好的微酸、微碱和中性黏质壤土，怕水涝、湿热和通气不良。忌连茬，萌蘖力强，易分株，但不耐移植。护养良好，寿命可达百年以上。

养诀

繁殖牡丹，常采用分株与嫁接方法，也可用压条和播种方法。繁殖均宜秋季进行。有“春分分牡丹，到老不开花”的说法。分株一般于秋季 9 月下旬至 11 月上旬，结合栽植同时进行。寒地分栽宜早，暖地宜迟。选生长旺盛、品种纯正、4 ～ 5 年生植株，在离根茎 50 ～ 60 厘米外挖出，剔除根系附土，阴干 2 ～ 3 天，待根部失水变软后再分株。4年生母株，可分为2～3株，剪除老、病、伤根，1%硫酸铜或400倍液多菌灵消毒，伤口涂上混有硫黄粉的泥浆即可栽植。11月上旬培土防寒，翌年3月萌芽后去掉培土。至春末夏初，可孕蕾开花。嫁接繁殖多在秋、冬两季进行。以2～3年芍药或5～6年生实生牡丹为砧木，粗2厘米，长15厘米以上为宜。接穗取生长充实、光滑、节间短的当年生短枝，或根际上抽出的健壮萌蘖短枝，长6～10厘米，带壮顶芽和1～2个饱满侧芽，要随用随采随接。用劈接或嵌接法嫁接。秋后接穗长出新根，剪掉根砧的根系，培植1年，即可起苗定植。牡丹以地栽为主，应选择地势高燥、土层深厚、排水良好、肥沃疏松的土壤。最忌低洼积水或盐碱地。盆栽供一次短期观花用，宜选用桶式瓦盆，盆土6份园土、3份腐叶土、1份沙土或腐熟的厩肥、园土、粗沙各1/3混匀的培养土。要掌握牡丹“春开花，夏打盹，秋发根，冬休眠”的生长特性，适时抓好施肥浇水。除栽植当年不施肥外，每年应保施3次淡、轻、熟肥。清明前后，萌芽抽枝及开花前15～20天，结合浇水施以氮肥为主的肥料，俗称“花肥”；花后半个月，在立夏与小满之间，应及时施肥，以保树势恢复和促进花芽分化，俗称“芽肥”；入冬后，土壤封冻前，结合灌冻水，施入以堆肥和厩肥为主的肥料，保护株丛安全越冬。浇水必须适时、适地和适量，平时浇水不宜多，要适当偏干。花谢后及时剪除残花，摘除繁枝赘芽和过多的土芽，只选留6～7根茁壮枝条，每个枝条保留2个外侧花芽。现蕾后，每枝仅留一个顶蕾，以免分散养分，花开不好。还应及早防治病虫害。牡丹的虫害不多，但病害较多，主要有叶斑病、褐斑病、锈病和炭疽病等。地栽应加强栽培管理，及时清除病残株。

妙用

牡丹是我国十大传统名花之一，在园林美化中，无论孤植、丛植、片植都很适宜。也可植于花台、花坛、花境观赏。还可盆栽及制盆景作室内观赏或切花瓶插用。牡丹叶片可吸收二氧化碳，释放氧气；其香薰有消炎杀菌的作用，是美化庭院，净化空气，保护环境的花卉。它的叶片对空气中的臭氧特别敏感，一旦接触过量，植株就会萎蔫，可用它做监测臭氧含量的指示性植物。根、皮制成的“丹皮”，是我国传统的名贵药材，可凉血化淤，有解热、镇痛、抑菌、降压等。

39. 国之瑰宝——梅花

简介

梅花，别名：红梅、春梅、绿梅、干枝梅、白梅、红绿梅、花御史、喜神和一枝梅。梅花叶互生，广卵形至卵形，边缘有细锯齿，嫩叶两面均被短柔毛。花单生或数朵簇生，多无梗或具短梗；花瓣5枚，呈淡粉红或白色。花为单瓣或重瓣，有白色、红色或淡红色，有芳香。深冬或早春先于叶开放，花期冬末至初春。核果近球形，黄色或绿黄；果肉粘核，味酸，5～6月熟落，梅核表面有蜂窝状小孔穴。原产于我国西南及长江中下游地区，已有3 500多年的栽培和应用历史。其分布非常广泛，以西藏、云南、四川交界的横断山区为梅的自然分布中心与变异中心。我国梅花分果梅和花梅两大类。梅花喜温暖湿润，阳光充足，排水良好，通风的环境，耐寒冷和干旱，怕涝，对土壤适应幅度较广，较耐瘠薄，能在多种土壤中生长，但以肥沃中性至微酸性的壤土或黏壤土为好。抗性较强，耐修剪，为长寿树种。生育适温16～23℃。对温度很敏感，早春平均气温达6～7℃时开花。若遇低温，开花期延后，花期可延长。新梢6～7月停止生长，7月下旬至8月上旬花芽分化，在冰点或稍为低温下可开花。有“自剪”习性与更新复壮的生物学基础。萌芽、萌蘖能力均强，易于形成花芽。

养诀

繁殖梅花，有播种、扦插、嫁接、压条及组织培养等方法。以嫁接繁殖较普遍，用切接和芽接。北方以山杏及山桃为砧木，南方则以梅或桃为砧木。切接多用1～2年生砧木，3月下旬或4月初，距地面3～5厘米处将砧木剪去。接穗选1年生健壮枝条。芽接于8～9月进行，多用“T”字形接法。扦插繁殖：于早春或晚秋，选1年生健壮枝条为插穗，因成活率较低，一般不采用。压条多选1～2年生根茎萌蘖，于春末夏初进行。播种法多用于新品种培育，常于秋季播种，也可沙藏至春季播种。在长江流域多露地栽。还有园林、切花、盆景和催延花期栽培。也可盆栽。分栽的环节：每隔1～2年于花后3月份换1次盆，盆底出水孔要畅通。换盆土：腐叶土4份，园土、河沙、腐熟厩肥各2份混匀。栽时使基部曲根多露出地表，栽后要保持光照充足，通风良好。浇水见干见湿，雨天及时倾盆，避免积水。新枝长至20～25厘米时应控水，直至叶萎蔫，新梢弯垂时再浇。反复几次，可抑制新梢伸长，促进花芽分化，达到多开花目的。伏天早晚要浇一次水，若水不足易落叶和影响花芽形成。入秋后，要减少浇水，以利枝条充实。梅花不喜大肥，应少量多施。从春季发根到夏季花芽形成，每隔10～15天浇腐熟稀薄豆饼液肥一次。秋季花芽分化时停施氮肥，增施磷肥；10月上旬，再施一次液肥。每次施肥后，要及时浇水松土。如出现叶片黄化，可结合浇水，浇灌0.1%的硫酸亚铁溶液。梅花多着生在新枝上，新枝短壮，花蕾就多。每年春季开花后，从基部将花枝剪除，强枝留2～3个芽，弱枝留1～2个芽。生长季节要及时疏除徒长、纤弱和病虫枝。小雪后将盆栽移入冷室。主要病虫害有：梅花缩叶病、褐斑穿孔病、炭疽病、根癌肿病、白锈病、疮痂病、叶斑病、盾蚧、梅木蛾、粉蝶、管蚜、吉丁虫和天牛等。应及时防治。

妙用

梅花是我国特有的花，是冬、春季节观赏的重要花卉。它可丛植，也可做盆景和切花孤植、群植。梅花对氟化氢、二氧化硫等有害气体反应敏感，可作为环保监测树木。梅木坚韧而富有弹性，是理想的手杖和雕刻等用材。果可鲜食，经加工可制成各式蜜饯，如话梅、梅干、梅膏、陈皮梅等，还可酿酒、制醋，有美容保健效果。其花蕾、果实、种子仁、叶、根均可入药。梅花药名“白梅花”，有舒肝散郁，活血解毒，和胃化痰之功。药用主要是白梅和绿萼梅。梅花还可提取芳香油。梅果药用有乌梅、白梅之分。乌梅具有敛肺涩肠，除烦热、生津止渴、止血、杀蛔虫之功。梅叶可治痢疾等症。梅根主治风痺、瘰疬等症。梅核仁能清暑、明目、除烦等。

40. 爱情之花——玫瑰花

简介

玫瑰花，别名：徘徊花、野玫瑰、梅桂、刺玫菊、刺儿玫、赤蔷薇、刺玫花、海桂、笔头花、湖花、金花、火珠和瑶草琼花。玫瑰花奇数羽状复叶，椭圆形至椭圆状倒卵形，缘有钝齿，质厚。花单生或数朵聚生于叶腋，花梗短，有刺；花朵有单瓣、重瓣和半重瓣；花色有紫红，粉红、白色等，有浓香。蔷薇果扁球形，砖红色。花期4～7月；果期8～10月。原产于我国华北地区的低山丛林及河谷，约有100多种，经长期选种杂交，已发展出不同花色的品种，如紫玫瑰、红玫瑰、白玫瑰，重瓣紫玫瑰、重瓣白玫瑰各类杂种玫瑰等。玫瑰喜温暖、阳光充足、凉爽而通风、排水良好的环境，不耐庇荫，对气候和土壤的适应性较强，耐寒、耐旱、怕涝。生长适温15～25℃，花期土壤含水量以14%左右为宜。对土壤要求不严，在肥沃的中性或微酸性壤土中生长良好。不耐积水，萌蘖力很强，自然萌蘖更新，耐修剪，植株寿命8～10年。

养诀

玫瑰花可用播种、分株、扦插和嫁接法繁殖。多用分株和扦插法繁殖。分株繁殖于早春发芽前选健壮的，分株频繁则生长更茂，故有“离娘草”之名。扦插繁殖多在春末夏初选用软枝为插穗。家庭可在6月中旬采新生的嫩枝扦插，插后浇水，用塑料袋连盆包住置阴凉处，保持25℃左右，约1个月生根后打开塑料袋，置阴凉处养护，第二年分栽或地栽。嫁接繁殖则多以野蔷薇或十姐妹作砧木，采用芽接或切接均可。芽接8～9月份为妥；切接以春季为佳。接穗选当年生充分木质化、腋芽饱满的健壮枝条，每个接穗留1～2个壮芽。重瓣花无果实；单瓣品种易结种，采种后沙藏于来春播种。玫瑰多行露地栽培于向阳、干燥处。一般在雨季或冬初及早春休眠期栽种。植穴施入腐熟厩肥作基肥，栽后浇足水。生育期间，常中耕除草，每年于早春施一次催芽肥，5月施催花肥，花期再追肥一次，入冬前施一次有机肥，则翌年花多、朵大、色香。早春天旱应充分浇水，以促进花芽分化；花前要适时浇水。分蘖过盛时应及时分株，以保持通风透光。花后及时剪除病虫、衰老及过密枝。注意锈病、黑霉病、茎叶蜂、红蜘蛛等病虫害防治。植后4～5年，要更新复壮。可在冬季翻挖分切，重新栽种。

妙用

玫瑰花是形、色、香俱佳中国传统名花之一，也是园林观赏花木之一。可在公园、坡地、风景林地栽植，可丛植，群植，片植；是美化庭院、园地的理想花木。也可作切花，是瓶插的好材料。玫瑰可有效清除室内的三氯乙烯、硫化氢、二氧化硫、苯、苯酚等有害气体。且所散发香味对结核菌、肺炎球菌、葡萄球菌的生长繁殖具有明显的抑制作用。花可供食用，可烹制菜肴，为蜜饯、糕点、制酒和熏茶的芳香原料。提炼的玫瑰油，价值昂贵。玫瑰花入药，有柔肝醒脾，理气解郁，和血散淤和调经的作用，还具美容功效；根治疗跌打损伤、吐血、月经过多等症。

41. 玉树临风——玉兰

简介

玉兰，别名：木兰、白玉兰、玉树、应春花、望春花、玉堂春、木花树和女郎花等。玉兰叶片大，互生，倒卵形或倒卵状椭圆形，端突尖而短钝。花单生于枝顶，直立，钟状，纯白色，芳香；花萼瓣状，共 9 片；雄蕊雌蕊均多数。聚合蓇葖果圆柱形，成熟后开裂，种子心脏形。花期 1 ～ 3 月；果期 9 ～ 10 月。原产于我国长江流域一带，木兰属共有 90 多个种，中国有 30 多个种，广布于热带、亚热带温带地区。今江西庐山、安徽天柱山、浙江天目山、贵州雷公山、湖南骑田岭、湖北神农架等处仍多见野生白玉兰大树。各地常见栽培品种有：紫玉兰、荷花玉兰、天目玉兰、宝华玉兰、天女花和二乔玉兰等。玉兰喜光，喜温暖湿润的气候和遮阴的环境。适应性强，耐寒，耐旱。对温度敏感，从南到北花期相隔 4 ～ 5 个月。在 -20℃低温下能越冬。喜肥，尤嗜氮肥，忌贫瘠土壤，适宜在中性偏酸、富含腐殖质、排水良好的砂壤土地区生长，微碱土也可生长，但不耐积水。低洼地与地下水位高地区，都不宜种植。肉质根系，主根较浅，侧根发达；枝条愈伤能力较弱。有“一朝孕蕾，长期怀胎”寿命可达千年以上。

养诀

繁殖玉兰可用播种、扦插、压条、嫁接和组织培养等方法。播种繁殖：将种子除去外种皮，洗净后层积沙藏，于翌年 2 ～ 3 月播种。1 年生苗高可达 30 厘米左右。培育大苗者于翌年春季移栽，适当截切主根，重施基肥，控制密度。定植 3 ～ 5 年后，即可进入盛花期。此种苗木长势旺盛，适应力强，其效果不亚于嫁接繁殖苗木。嫁接繁殖：砧木用紫玉兰、山玉兰等。方法有切接、劈接、腹芽和芽接等，以劈接成活率高。晚秋嫁接较之早春嫁接，成活率更有保障。嫁接苗都要及时除蘖。

扦插繁殖：在夏季或夏秋间，取幼树当年嫩枝扦插，用100mg/kg萘乙酸浸泡3小时，成活率高。压条繁殖：最适紫玉兰繁殖，于2～3月选1～2年生，粗0.5～1厘米的健壮枝作压条，当年可生根。栽植时宜做好：在萌动前或花谢展叶前适时移栽。穴要大，基肥施足，带泥团不伤根系，适当深栽抑制萌蘖，利于生长。花期与花后连续施2～3次肥。前者为催花肥，后者为复壮树体肥。7月后不再追肥，以利越冬。北方地区，7～8月喷1%硼砂液1～2次，以增强御寒能力。南方地区夏季高温干旱，应视天气灌溉保墒。北方除秋末冬初灌冻水外，还应进行花期前灌溉与护根增温，以提高观赏价值。玉兰枝干愈合力差，多不修剪，仅剪短长枝至12～15厘米，剪口要平滑，近距芽处。生长中注意预防病虫害。苗期防立枯病、根腐病及蛴螬等地下害虫。盆栽注意防红蜘蛛、蚜虫等。

妙用

玉兰是名贵的观赏花卉。广植于风景胜地、寺庙、庭院及显要之处。其春能赏花，夏能遮阴，秋可观果。玉兰对二氧化硫、氟化氢、氯气等有害气体有较强的抗性，是工厂、矿山和污染重区绿化树种。还可作桩景盆栽观赏，又是我国传统的插花材料。花含芳香油，可提制玉兰油、浸膏作化妆品香精，花瓣敦厚清香，糖渍或油煎可食用；也可窨制名茶或做糕点、果脯；花蕾入药称“辛夷”，有祛风通窍、降压、镇痛、杀菌的功能，可治疗鼻炎、头痛、疮毒等多种疾病；树皮有散寒理气的功效；种子可榨油。木材极细、结构细密、不翘不裂，具花香，可作家具、车厢室内装饰、雕刻等。

42. 雪魄冰花——栀子花

简介

栀子花，别名：山栀子、黄栀子、木丹、越桃、林兰、雀舌花、白蝉、水横枝、白蟾花、檐蔔等。栀子花单叶对生或 3 枚轮生，长椭圆形，全缘，革质有光泽。花大，单生于枝顶；花冠高脚碟状，白色，肉质、浓香；花期 5 ~ 8 月。浆果卵形，熟时橙黄，种子扁平。果期 11 月。原产于我国长江流域以南，常生于低山温暖的疏林中，或山坡、沟边与路旁，以湖南、江西最多，四川和庐山至今仍有野生的。野生种多为单瓣，花香，多结果；观赏种花多为重瓣，不结果。常见变种有大花栀子（又名荷花栀子）、水栀子（又名雀舌花）、核桃纹栀子（又名斑叶栀子）、小叶栀子（又名四季栀子）、狭叶栀子、矮生栀子等。日本、越南也有分布。栀子喜光，稍耐阴，但忌强光暴晒。喜温暖湿润气候，不耐寒，越冬最低温度为 5℃。若要冬季开花，需在 18℃以上，昼夜温差 6 ~ 8℃。不耐干旱，忌积水，要求疏松、湿润、肥沃和排水良好的微酸性土壤，忌碱性土。萌芽力和萌蘖力均强，耐修剪，更新能力强。南方多地栽，华北地区宜盆栽。

养诀

栀子花可采用扦插、压条、分株繁殖法。扦插繁殖：于 6 月梅雨季取嫩枝作插穗。南方夏季宜水插法，将长约 20 厘米健枝，数根成束、下部 1/2 浸在清水中，1 周换 2 ~ 3 次水，10 余天可生新根。生根后要尽快上盆。压条繁殖：于 4 月选取 2 年生健壮枝条；若高空压条，可在一株成年树上，选 2 ~ 3 年枝条作环状剥皮后进行高压。分株繁殖：于5月将根基部并生的2～3个枝条分切，每分株带有细根，栽盆置阴凉处养护。要使盆栽年年枝繁叶茂，关键是选择肥沃的酸性盆土，每千克培养土拌入1～2克硫黄粉。常保持盆土湿润及增加空气湿度。春、夏季每天早晚用清水喷洒叶面及附近地面；北方每隔3～5天，用每升加入0.5克柠檬酸、1克硫酸亚铁的水溶液，浇透水一次。生长季节，每月追2～3次薄肥，用发酵好的矾肥水或复合肥。现蕾期浇1～2次0.1%磷酸二氢钾水溶液。夏季气温35℃以上，秋季15℃以下时，要停止施肥。生育期多晒太阳，除7～8月每日中午强光时需遮阴和冬季休眠外，一般都需在阳光下养护。一般于10月中旬移入背风向阳的室内，室温保持10～12℃为宜。春季出室不宜早，以4月下旬为好。每1～2年结合出室翻盆换土。倒盆后（当花盆口径达到28厘米左右时，不再换盆，只换盆土）剪去部分老根，换掉一半旧土，用新土栽植后浇透水，放温暖半阴处。新芽萌动后置阳光下养护。还应适当修剪和防治病虫害。栀子萌芽力强，易枝丫重叠密不通风，造成营养分散。故大花栀子小苗，在主干20厘米处应打顶，留3～4个分枝。分枝有两对叶片时再次打顶。小叶栀子不要打顶，每年花后轻修剪，剪去内膛枝和病弱枝，个别徒长枝可短栽。但春季切不可短栽枝顶，否则当年不会开花。常发生炭疽病、叶斑病、黄化病及蚧类、蛾类等害虫，应及时防治。

妙用

栀子花是中国传统的八大香花之一。种于溪畔、湖滨、水边和池畔，也适宜道路两旁林缘下、庭前、院隅种植。栀子花对二氧化硫、氟化氢等有害气体及烟尘具有较强的抵抗和吸收能力。是工厂、学校、家庭保护环境，净化空气的良好绿化花木。栀子全身是宝，果实是上等黄色染料，用于棉、毛、丝的染色；晒干俗称“越桃”有泻火解毒、清热利湿、凉血散淤等作用。花、叶、根均可入药。叶有消肿功能，主治跌打损伤、疮毒；根有清热凉血、解毒功能；花有清肺、凉血功能，治肺热咳嗽、鼻衄；花还含芳香油，可窨茶，或提取香料作调香剂。木材致密坚实，不易开裂，是供雕刻用的良材。

43. 祥瑞之花——金边瑞香花

简介

金边瑞香花，别名：麝囊、瑞兰、露甲、千里香、蓬莱花、风流树、夺香花、花贼。金边瑞香花单叶互生，长椭圆形至倒披针形，全缘，无毛，质厚。花两性，密生成簇，呈顶生具总梗的头状花序；无花冠，萼筒花冠状；白色或带红紫白，芳香。核果肉质，圆球形，红色，花期2～3月。原产于我国长江流域，生于暖温带山坡阴面的溪谷、山坡丛林和林缘。其分布于江西、湖北、浙江、湖南和四川等省，北方地区多盆栽。瑞香属植物约80种，我国约有35种，是该属植物主产地之一。

瑞香喜半阴半阳，早晨与傍晚需一定光照，但忌阳光暴晒。喜冬暖夏凉的通风环境，耐寒性差。越冬温度5～10℃，畏涝，怕干旱与雨淋，忌高温高湿，气温超过25℃即停止生长，不耐肥。喜排水良好，富含腐殖质的微酸性土壤，在黏性土和贫瘠土中生长不良，忌积水。萌芽力强，耐修剪，易造型。

养诀

金边瑞香通常用扦插和压条法繁殖。扦插繁殖易成活，选一年生枝条春插，或用当年生枝条夏插或秋插；插条要3～4节，入土2～3节，土面保留1～2片叶，随即遮阴，保持湿润。切口蘸ABT生根粉，20天左右开始生根，移栽后2～3年开花。高压在5～7月进行最好。选1～2年生健枝，作环状剥皮，刀口宽2厘米。待伤口稍干后，用塑料袋套在环割处，内衬苔藓和培养土，保持湿润，2个月左右生根后，可剪下盆栽。养好盆栽瑞香应“五防”：①防浓肥。施肥以腐熟的有机肥为佳，要薄肥勤施。勿施用人粪尿和无机肥。一般1～2年于花后翻盆一次。翻盆时以饼肥、复合肥或腐熟厩肥作基肥。春季为促发多而壮的新枝，施以腐熟豆饼水或腐熟的鸡、鸭粪水。施前对水50%。8～9月花芽分化前后，施两次以磷肥为主的淡肥。可用0.1%磷酸二氢钾溶液喷雾。②防水渍。浇水要见干见湿，忌盆内积水，或浇而不透。③防烈日晒。夏季宜置于阴凉通风的花架上，可用活动式遮阳网挡光。秋梢20厘米长时，应控制水肥及光照。秋分后可见全光。④防寒冻。瑞香不耐寒，霜降前须移入室内，放在阳光充足的地方，室温只要不低于5℃就能顺利越冬。⑤防治虫害。夏季干热天气时易受红蜘蛛、蚜虫、介壳虫的为害，应及时防治。其根属肉质根味甜，易遭蚂蚁、蚯蚓侵害。春、夏常观察。可挖出清除后，再重新栽植。

妙用

瑞香四季常绿，为著名的园林常绿花木。将它散植于公园绿化区和大型花坛。丛植于建筑物、岩石间、假山与凉亭的阴面，或林下路缘、山坡等。对大气中氯的抗性较强，可净化室内空气。还可切花瓶插装饰、为农历正月，插瓶的主要花卉。花、叶、根和树皮均可入药。瑞香性寒，味微苦。有消炎解毒、消肿止痛、祛风活血之功效。花主治咽喉肿痛、牙痛、风湿痛。茎、叶外敷或煎水熏洗能治疮、无名肿痛及蛇咬伤，跌打损伤。根皮或树皮能治坐骨神经痛。瑞香有毒性及麻醉性，误食过量会危及生命，如药用请在医生的指导下。花可提炼价值很高的芳香油，用于制作化妆品。树干皮部纤维质优，是制作高级用纸的材料。

44. 花开春满园——桃花

简介

桃花，别名：花桃、碧桃。桃花单叶互生，椭圆状披针形，先端渐尖，缘具细锯齿；叶柄不长，有腺体。花单生，5瓣近无柄，萼外被毛；先叶开放，花淡红、粉红色，也有纯白，或红白相间的。核果近球形，表面密被绒毛。花期3～4月，6～9月果熟。原产于我国，是我国最古老的花果之一，栽培历史悠久，迄今桃树的栽培已遍及世界各地。品种繁多，分为食用桃和观赏桃两大类。园林中栽培应用多为观赏桃，主要有碧桃、日月桃、白桃、鸳鸯桃、紫叶桃、碧仙桃、寿星桃、人面桃等品种。性喜温暖湿润，喜光，耐旱，喜夏季高温，较耐寒。冬季需一定低温，才能正常休眠，7.2℃是桃休眠的临界温度。喜肥沃、排水良好的砂质壤土和砾质壤土，碱性土和黏重土均不适宜。不耐水湿，畏涝，忌洼地积水或沟边、池塘边等离水较近处栽培。也不要植于树冠较大的乔木下。芽具早熟性，一年能连续形成二三次枝。桃花芽在6～8月枝梢生长缓慢时开始分化，经过冬季休眠，翌年春季开放。开花时节怕晚霜，忌大风。根部萌蘖力强，可萌蘖更新。寿命短。

养诀

桃花以嫁接繁殖为主，多用切接和芽接。北方地区用山桃作砧木，南方常用毛桃，也可用杏、李、梅和寿星桃实生苗作砧木。切接繁殖于春季萌芽前，芽接繁殖于8月上旬至9月上旬。选健壮复芽或叶芽作接芽，不可用花芽或盲芽。套芽接，必须在砧木基部保留接芽以下的叶片，以行光合作用，制造养分。为增加观赏性，可一株树上嫁接不同品种，使之开出不同颜色和花形的花朵。在接芽萌发前，圃地要常保持湿润；接芽成活后，当长至12～18厘米时，摘心促生侧芽。如芽未接活，当年深秋或翌年2～3月可再行切接。一般嫁接苗3年就能开花，且病虫害少，寿命长。播种多采用秋播，也可春播。如春播，需经冷冻沙藏处理。播种距离要稍大，以便在当年秋季就可芽接。桃花可露地栽培与盆栽。盆栽技术是：花盆不宜过大过深，用口径30厘米左右的。培养土以富含腐殖质、排水良好的砂质土拌少量骨粉为好。盆的排水孔要疏通。开花后，要及时修剪枝条，只留基部2～3个芽，将其余的芽全部抹掉，并疏除过密细弱枝。夏季，当新发枝条长到10～15厘米时，可摘心促进花芽形成。每周追施一次稀薄液肥；坐果期用0.3%的磷酸二氢钾，加0.3%尿素每隔15天喷一次，连喷2次；采果前20～30天追施磷钾肥；果实采收后再追施一次复合肥，并浇水；秋季落叶前施腐熟厩肥为基肥；休眠期要严格控制浇水。每年春季翻盆换土。换盆土要适度修剪枯根、烂根及过密的根系。冬季将盆栽移入冷室越冬。春节前约35天，把它移至温度10℃左右温室，并逐步升温，在20～25℃的环境中，经15～20天即可开花。

妙用

桃树多植于庭院、路旁、山坡、溪畔或成片栽植于风景区、旅游区、森林公园等，还可盆栽造型及制盆景观赏，亦可作切花，插花用。桃树又是环保良好花木，对二氧化硫、氯气有较强抗性。还可以检测乙烯，如果有乙烯，其叶片迅速变黄。桃树吸收硫的能力较强。果品桃是中国传统的水果，可加工成罐头、桃脯、桃酱等；桃仁、桃花、桃叶都是良好的中药。桃仁有消炎、解毒、镇痛、滋润之功，有活血行淤、润肠通便之效；桃花瓣性平无毒，具有利尿通便、活血、消积、祛淤、镇咳之效。食花能美容，安神，通二便，还可治疗腹水，水肿，外敷可治疮疡溃烂。桃叶煎洗治疗湿疹、痔疮、阴道滴虫，还能杀虫和治头虱。

45. 娇容三变——杏花

简介

杏花，别名：杏树、甜果、甜梅，北梅。杏花花单生，先叶开放，花瓣5枚；初绽时花蕾鲜红，渐变淡红，落花前变白色。核果球形，黄色；核略扁而平滑。花期3～4月；果期6～7月。杏是我国最古老栽培果木之一。主要分布在黄河流域，其范围很广，新疆、内蒙古、西北、东北、华北、西南、长江中下游各省区均有分布。杏分为家杏（以食果为主）和山杏（以食杏仁为主）两大类。常见变种和同属种有垂枝杏、斑叶杏、山杏、东北杏。是温带的果树，适应大陆性干燥气候，喜光，适应性强。耐寒力和耐旱力强，能耐 -40℃的低温，也能耐高温，抗盐性较强，不喜空气湿度过高，极不耐涝。深根性，根系发达，在土层深厚、排水良好之地生长良好，在黏重土中生长不良，易遭病害。作为果树栽培成材快、结果早、寿命长，且栽培管理技术要求不高。

养诀

杏可用播种及嫁接法繁殖。主要用嫁接法。播种繁殖因花的观赏价值不好、果实的品质较差，采用较少。嫁接繁殖在干旱地区用山桃作砧木，土壤湿润地区用梅作砧木，寒冷地区用东北杏作砧木。接穗选 1 年生粗壮结果枝，于六七月用丁字形芽接。芽接不可太晚，否则离皮困难，成活率低。如当年芽接未成活，可至次年春季枝接。还可用分蘖繁殖。杏生长强健，管理简单。栽种时如土壤较肥沃，一般不用施肥，但要注意清除杂草，以免争水争肥。干旱季节要注意浇水，以提高花、果质量。对于不同树龄要适时修剪。幼年树每年 11 月到次年 3 月对长枝适当短截和密枝疏剪，促使形成树冠骨架；已衰老植株可大枝更新重剪；对萌发力及发枝力较弱的植

株，不宜过分修剪，一般作自然式修剪成圆头形或疏散分层形。应做好越冬病虫害防治，减少第二年落花落果，提高坐果率。对无幕毛虫危害的虫枝冬剪时疏除。在枝条上越冬的介壳虫，人工刷子杀灭。杏象虫多在落果枯核及枝条上越冬，做好果园清扫，将落果、果核、枯枝集中烧毁。杏星毛虫以低龄幼虫在树皮裂缝内结茧越冬，于早春刀刮干枝外部的褐色卷皮烧毁。通过上述措施，可大大减少病虫害发生的几率。

妙用

杏树宜在庭园中成片种植。杏极耐寒，可与松、牡丹、山石配置，栽在庭前、道旁、墙隅、坡地。同时杏树还是沙漠及荒山造林树种。还具有抗污染、抗二氧化硫的作用。还可作为大气中氟化氢、酸雨污染的指示植物。杏为夏季佳果，是抗老延寿防癌的保健食品。杏果生食，具有生津止渴，润燥补肺功能，可加工制蜜饯、杏脯、杏干、杏酱、罐头。种仁（杏仁）入药，以苦杏仁为主，有降气平喘、止咳、润肠，通便功效，被誉为中医最常用止咳化痰药。甜杏仁有润肺止咳功能，药力较和缓；民谚有“桃饱杏伤人”。所以食用不宜过量。杏仁还可制酒、榨油。杏仁还能制作各菜肴。是夏令宴席常用时菜。其木材结构致密，花纹美丽，可作工艺美术用材。

46. 飞霞溢彩——三角梅

简介

三角梅，别名：勒杜鹃、纸花、九重葛、宝巾花；北方人多叫三角花、叶子花。三角梅单叶互生，卵形或卵状披针形，纸质，顶端圆钝；花常三朵簇生于三片叶状苞片内，花梗与苞片中脉合生，苞片较大呈叶状椭圆形，有鲜红、粉紫、橙黄、白等色；花被管状，密生绒毛，雄蕊5～10枚，子房一室。花有单瓣、重瓣之别。重瓣品种，雄蕊及花萼退化成

与花萼同色的苞片，小而重叠似绣球，花期长，各地不一。在温度和日照适宜的条件下可常年开花。多数品种花期 10 月至翌年 4 月。原产于南美巴西，迄今广泛栽培于热带、亚热带地区。三角梅性喜温暖、湿润、光照充足、空气清新流通的环境，耐热，不耐寒，不耐阴，生长适温 20 ～ 30℃，夏季耐 35℃高温，生长不受影响，冬季需维持在 12℃以上，越冬室温不得低于 7℃，3℃以下叶片易遭冻害。属强阳性短日照植物，在长日照条件下难以进行花芽分化，充足的光照才能花开不断。对土壤要求不严，耐碱、耐瘠薄干旱，不耐涝，忌积水，以疏松、肥沃、通透性强、排水良好、富含有机质的弱酸性砂壤土为好。生长强健，抗病虫害、萌芽力强，耐修剪，易移植。

养诀

三角梅采用扦插、压条、嫁接法繁殖，也可水插与组织培养育苗。扦插繁殖：为主要繁殖法。南方地区全年均可，以春、秋季最佳。春插于 3 月上旬至 5 月下旬；秋插于 9 月上旬至 10 月上旬。选当年生组织充实呈半木质化枝条，用 100 ～ 200 毫克 / 千克的吲哚丁酸或萘乙酸浸插条基部 15 秒钟，生根效果显著，在 21 ～ 30℃温度，20 天开始生根，60 天即可移植，次年开花。压条繁殖：采用高空压条繁殖用于较名贵或难以生根的品种，是重瓣及双色品种常用法。于 4 ～ 7 月选木质化粗度 1 ～ 8 厘米，离枝端 15 ～ 20 厘米处环剥，宽约 2 厘米，用薄膜裹湿润营养土或水苔包扎，保持湿润，1 个月左右生根。可在同一枝条上每隔 20 厘米连续高压操作，以获取多量的种苗。嫁接繁殖：常一株嫁接几种颜色，形成一树多花，提高观赏价值。采用切接法，砧木用 3 ～ 4 年生紫花三角梅或光叶三角梅，接穗选花色及观赏性强的重瓣及双色优良品种，当年生健壮嫩枝或半木质化，接后及时灌水，注意遮阴，除萌蘖，40 ～ 50 天愈合。三角梅盆栽、地栽皆可。莳养中应：①选开花期 1 ～ 2 年生壮株，可用腐叶土、园土、沙土各 1/3，加少量腐熟有机肥配成培养土；地栽先改良红壤土，即掺入 3%～ 10%草木灰、3%～ 5%河沙，

拌入腐熟厩肥或缓效性肥料作基肥。地栽品种可用水红三角梅和普通紫花三角梅。②生长期间给充足光照，每半月追肥一次。花开前后，增施2～3次速效磷钾肥，盛花期每周施一次腐熟的饼肥水，加适量的矾肥水，结合喷2～3次0.3%磷酸二氢钾液。施肥后及时浇水松土。③水分供给要足，尤其夏季，早晚各浇透水一次，并向叶面喷水1～2次。为促进花芽形成、花开整齐、数量多，花前一个月要停止浇水进行控水，连续3～10天不浇水，待盆土干燥，再浇少许水，反复2～3次，约15天枝顶上叶腋间露出花芽时方可恢复正常浇水。④盆栽每年抽发新梢后易徒长，应及时摘心。花后及时剪除枯、弱、密、交叉和过长枝，保留1～2个芽短截，整成圆头形。北方盆栽，为不长成藤本状，枝条留30厘米长剪去枝梢，所有侧枝剪短，促使萌发新枝，生长5～6年后，还需短截或重剪更新。地栽，应视长势立支柱，让其攀缘而上。冬季应置于室内有阳光处保持温度在7℃以上，翌年谷雨后移出室外养护。⑤每年早春换盆，老根去除，粗根重截，每盆增施腐熟饼肥或鸡粪干，浇透水后置阴凉处，待恢复生机适应后摆放通风及阳光充足处；如无须换盆，可在盆土撒施饼粉和复合肥，结合浇水，供给养分。⑥注意防治病虫害。

妙用

三角梅只要扎了根，有了阳光，即使环境恶劣，也能绽放出灿烂的花朵。巴西妇女常用叶子花插在头上作装饰，别具一格。我国还将三角梅花与叶作一味中药，有清热解毒，散淤消肿的功效，是妇科良药。其花色繁多、色彩艳丽、花期长达半年以上，是木本花卉中少有的，且近年来由东南亚国家引入的许多品种有着极佳的开花特性，若能以数品种搭配栽培，就可全年都有花可欣赏，既可装点城市、绿化环境、美化生活，增加氧气，降低温度，吸附粉尘，又能减少噪音，抗大气污染。

47. 花红似火——石榴花

简介

石榴花，别名：安石榴、海石榴、丹若、若榴、金庞、金罂、无浆、涂林、榭榴、山刀叶等。石榴花新枝嫩叶带有红晕，长枝上叶对生，短枝上近簇生。花两性，1朵至数朵生于当年新枝顶端或叶腋；花萼钟状，红色，肉质，花冠红色，花瓣5～7片，倒卵形，稍高出花萼。单瓣或重瓣，雄蕊多数；浆果近球形，古铜色或古铜红色，具宿存花萼；外果皮革质，种子多数，外种皮肉质多汁。花期5～7月，果期9～10月。

原产于伊朗和阿富汗等中亚国家。生长于海拔 600 ～ 1 000 米山坡向阳处或栽培于庭园。现广布于大江南北，有 60 多个品种，分观赏、食用、巨型、微型若干品类。常见主要栽培品种有白石榴、重瓣白石榴、重瓣红石榴、月季石榴、黄石榴、玛瑙石榴、墨石榴。石榴是西班牙的国花；也是我国陕西省西安市、安徽省合肥市的市花。

养诀

石榴易繁殖，可用播种、分株、扦插及压条等方法。以扦插繁殖应用较广。春插取硬枝，夏秋取嫩枝。于 4 月初取优良母株 2 年生健壮、灰白色、刺针多的枝条（枝梢不用）作插穗，长 20 厘米左右，除去 1/2 ～ 2/3 叶片，下方削斜面，放入 95％工业酒精中浸一下，除去切口凝集单宁，放流水中泡 5 ～ 15 分钟。直插盛有砻糠灰或珍珠岩的盆中或沙床，外露 1 ～ 2 个叶芽，插后遮阴 20%～ 30%，保持湿润，温度 25℃，两周即可生根。成活后再适当追肥，翌年春短截移栽一次。2 ～ 3 年后成株。分株繁殖可在早春芽萌动时进行。对丛生灌木状植株行分株或挖掘根蘖苗另栽，成苗快，来年即可开花。压条繁殖也可在春季进行，不用刻伤，成活后于夏季先割离母体，秋后或来年早春再挖出另栽，第三年可开花结果。石榴为强阳性植物，素有“石榴越晒花越红、果越多”之说。每天日照应不少于 6 小时，才能花多色艳。其次水肥合理。盆栽石榴每隔 2 ～ 3 年换一次盆土。结合早春换盆，施腐熟豆饼等作基肥。花前施 1 ～ 2 次磷、钾肥，生长期间 10 ～ 15 天施一次稀薄液肥。尤其在育蕾、花芽分化与果实膨大期，养分一定要充足，可多施磷肥。花后再施 1 ～ 2 次速效性混合液肥。浇水要适量，一般见枝叶开始萎蔫时浇水。在蕾期和果期，盆土不能过干。雨季防雨淋，否则易落蕾落果。另外，要及时松土除草。对石榴适期修剪整形，既有利于保持树形又有利多花多结果。小石榴类以自然形为主，一般不必过多剪枝；主干高 10 ～ 20 厘米，留 3 ～ 5 个主枝，适当分布结果母枝；自夏至秋需适

当摘心，疏花疏果，以促发新芽，花大果硕。花石榴类，要及时剪除徒长枝、纤细枝、交叉枝和基部根蘖小枝，花落后剪残花，去花梗。3 年以上老枝，要进行更新修剪。果石榴类，早春萌动前要剪去徒长、纤细、交叉和病虫枝，同时将多年生长枝截短，以促使其萌发新枝。6 ～ 9 月石榴易患早期落叶病、果干腐病和枝干煤污病，易发生桃蛀螟虫、刺蛾和袋蛾等虫害，须及时防治。北方地区，冬季需将石榴移入冷室或地窖中越冬。

妙用

石榴是多子、多福、多寿的象征。还是园林绿化的良好材料。最宜丛植于茶室、露天舞池、剧场及游廊外或民族形式建筑所形成的庭院中及园林自然风景区。石榴是净化空气的能手，对有害气体二氧化硫、氟化氢、二氧化氮、硫化氢、氯气的抵抗能力较强，是污染地区良好的绿化、净化树种，也是居家环境污染的良好净化器，可吸收家中电器塑料制品等散发有害气体，减轻对人体的毒害。果实榨汁作饮料，具有消暑解渴和保健作用；花、果、果皮、叶、根均可入药，有润燥，收敛、杀菌之功效，能治疗多种病症。用石榴皮、山楂各 30 克以水煎服，可治痢疾。用石榴叶捣烂敷患处，对治疗跌打损伤有效。但应注意石榴不可与螃蟹、番茄同食。

48. 英雄之花——木棉花

简介

木棉花，别名：攀枝花、红棉、烽火树、斑芝树等。木棉花掌状复叶，互生，长圆形至长圆状披针形全缘。花簇生于枝端，先叶开放；花冠红色或橙红色椭圆状倒卵形；肉质花瓣 5 片，连成 5 束。蒴果大，木质，内有丝状毛；种子多数，倒卵形，黑色。花期2～3月，果期5～6月。木棉是典型的热带、南亚热带指示性植物。原产于我国南部及亚洲其他热带地区。喜生于丘陵或低山次生林中，也散生于村边、路旁。木棉在我国已有悠久的栽培历史，现分布于广东、广西、福建、台湾、云南、四川和贵州等省区。印度、马来西亚、泰国、澳大利也有分布。木棉喜光，喜高温湿润气候，适应性强，耐干旱，耐瘠薄，抗风，抗大气污染；不耐阴与水湿，在日照充足和排水良好、平坦或缓坡地生长迅速。对土壤要求不严，但以土层深厚、疏松、肥沃湿润的酸性和中性土壤生长良好，稀疏种植生长为佳。忌低洼积水。所处地方的海拔高度超过400米以上时生长不良。萌芽力强，生长迅速，树皮厚耐火，寿命较长。

养诀

木棉多以播种或扦插法繁殖。扦插繁殖于雨季选一年生粗壮枝条，截成15厘米长的小段，插入沙床内，生根后再移入苗床培育。播种繁殖于5月下旬至6月中旬，果实未开裂时及时采收，将果实摊晒开裂，取出种子阴干，随即播种。种子发芽适温为22℃。半个月后种子发芽。培育1年后，就可移植。木棉要选择日照充足、排水良好的平坦或缓坡地单植或列植。植穴中施腐熟有机肥。栽植后浇透水。成活后可粗放管理，只需修剪枯枝即可。5～6年后即可成树而后开花。

妙用

木棉为南方第一名树。适宜种

在广场，列植于行道旁，丛植于公园、庭园。木棉对烟尘、有毒气体抗性强，又有隔噪、滞尘，净化空气作用，且光合作用强，是一种防污染绿色植物，为街道、庭园、公园、路旁及工矿区理想的栽培树种。又是多种用途的经济树种。木材纹理通直，木质轻软，不翘裂，易加工，为轻工业用材。木棉籽含油率 20%～30%，可食用或制润滑油、油漆和肥皂等。花、根、皮均可入药。花有清热、利湿、解毒、祛暑、止血功效，主治泄泻、痢疾、血崩、疮毒；皮清热利湿、活血、消肿，外用可治腿膝疼痛、疮肿、跌打损伤；根有收敛止血、散结止痛之功，主治慢性胃炎、胃溃疡、赤痢、瘰疬、产后浮肿等症。

49. 花锦百日红——紫薇花

简介

紫薇花，别名：百日红、千日红、满堂红、怕痒花、痒痒树等。树龄越老越莹滑光洁又俗名无皮树、猿滑树。紫薇花单叶对生或近对生，椭圆形至倒卵状椭圆形，全缘，无毛或背脉有毛，具短柄。圆锥花序顶生，多为紫色或紫红色，也有白、蓝色。蒴果近球形，6 瓣裂，基部有宿存花萼。花期 6～9 月，果期 10～11 月。原产于亚洲至大洋洲，我国是其自然分布与栽培中心，生于海拔 500～1 200 米向阳、湿润的溪边和缓坡林缘，广布于我国长江流域各地。同属植物有 50 余种，

我国有 16 种。紫薇性喜阳光充足、温暖湿润气候，稍耐寒，耐半阴，耐旱，不耐涝。喜肥沃、湿润且排水良好的壤土或砂质壤土。萌芽力和萌蘖力强，耐修剪，易整形，生长缓慢，寿命长，可达数百年。花芽形成在新梢停止生长后，高温少雨，有利于花芽分化。单朵花期 5～8 天，全株花期 120 天以上。在我国南北均能栽植，其适应性强，且不择土壤，立生易长，极好栽种。

养诀

常用播种、扦插及分株法繁殖。早春用硬枝扦插繁殖，夏季用嫩枝扦插繁殖。插后注意保湿与庇荫，成活率高。分株繁殖：于春季萌芽前，将植株根部的萌蘖分离后栽植。11 ～ 12月采收种子，保存于通风干燥处。翌年早春进行，当年小苗宜早剪去花蕾，并需防寒越冬。紫薇多在早春萌芽前栽植。生长季节需保湿。每年秋后重施基肥，5 ～ 6月追肥要酌加磷、钾肥。紫薇修剪，以休眠期修剪为主，将2年生枝留2 ～ 4个芽后进行短截，萌芽后每枝仅留2个茁壮芽，使之生长开花。如作为乔木，植后保留40厘米左右的一段主干后短截，培养3个侧主枝。如作为灌木，则可留5 ～ 8个干。如果将紫薇作为特殊观赏用，可扎成亭、牌楼、拱门及其他造型。盆栽紫薇的莳养，应置于阳台向阳处，接受充足的光照。每年或隔年换一次栽培土，应以富含养分的腐殖土为宜。换盆时间，以树枝落叶休眠后，树梢刚要萌动前为好，并剪去多余的须根。生长季节，每半个月施一次5%磷酸二氢钾液肥，并确保盆土湿润不缺水，植株不萎蔫。紫薇为圆锥花序，自花授粉，坐果率高。当单花凋谢时，应剪去残花，避免结果。落叶后，进行整形修剪，以促进来年新梢萌发。

妙用

紫薇是极具观赏价值的夏季观花树种。适于庭院、门前、窗旁配植；也可孤植、群植或丛植公园及各类景观中，还可作行道树栽培。其枝条柔软，可任意蟠扎编制花瓶、花篮和牌坊等各种装饰物。紫薇对有害的二氧化硫、氟化氢、氯气及各种粉尘有较强吸收能力，对城市中的有害气体有较强的适应能力；能产生挥发性油类，对白喉菌、痢疾菌等病原菌具有明显的杀菌作用。日本和西欧一些国家的工矿企业有大量种植，以防止和减少污染。紫薇花、叶、根均能入药。根、枝叶可抗过敏和止痒，用于顽固性荨麻疹、湿疹等；花可疗胃出血、吐血、便血，用醋调敷可治痈疖肿毒；树皮具有兴奋作用，可退热。

50. 东方奇葩——紫荆花

简介

紫荆花是1908年在我国香港被发现的，中文称洋紫荆。别名：香港兰花、香港樱花。紫荆花单叶互生，圆形或宽心形，顶端2裂至叶全长1/4～1/3，裂端钝，基脉11～13。总状花序顶生或腋生，花大芳香；几乎全年均可开花，盛花期在春、秋两季，通常不结果。原产于我国香港海边，为一杂交种。羊蹄甲属植物有11种，世界热带、亚热带地区广为栽培。性喜光，喜温暖至高温湿润气候，适应性强，耐半阴，耐干旱和瘠薄。对土质要求不严，但在深厚沃润、排水良好的砂质壤土上生长迅速。不抗风，遇台风侵袭时，树干往往倾斜或被折断。

养诀

采用扦插、芽接和压条等法繁殖。多用嫁接法繁殖。扦插繁殖于2～5月，选1年生壮枝，长10厘米，具3～4节，插以沙土或肥沃疏松的砂壤土，盖草或遮半阴，60天左右生根、发芽。翌年春季移圃地培育。芽接繁殖宜在4～5月或秋季8～9月萌芽前芽接。砧木采用1～2年生实生羊蹄甲苗，接穗取1年生木质化粗壮枝条的饱满腋芽，嫁接于1～1.5米的砧木上，约15天后愈合成活。经半年培育后，可移床栽植。高空压条繁殖于3～5月选取直径为5～8厘米的健壮较直枝条，进行高空压条，20～25天生根，40天后割离母株，置于圃地假植或直接定植。植后2～3年即可开花。移栽苗木一年四季都可以进行，以春季2～3月萌动前最适宜。移栽前截干留取3～5米，并保持一定树形，适当疏枝和截短，留分枝0.2～1.0米长即可。小苗需多带宿土，大苗带土球。栽植地点要选阳光充足处，施足基肥。要随起苗随栽植，填土应稍高出地面5～10厘米。不能深种以防烂根，影响成活。雨季防积水，天旱注意补充水分。在幼树期，要及时剪除根部萌蘖枝，秋后进行修剪整形。此后，每年秋后应剪去密、细、枯及病虫枝。要注意保护 2 ~ 3 年生枝，花多着生于其上。北方地区多盆栽。夏季高温时，要避免阳光直射。秋、冬应使盆土保持干燥。冬季移入温室越冬，最低温度须保持在 5℃以上。常见主要病害为角斑病和枯梢病，其害虫有棉古毒蛾和蜡彩袋蛾等食叶性害虫，应及时防治。

妙用

紫荆花是我国香港特别行政区的区花。为热带、亚热带园林极具特色的观赏绿化树种，是我国近代栽培名花之一，孤植、丛植及列植均能构成优美的景观。常被用作行道树和公园与庭院等绿化、观赏树，亦可培育成盆花或盆景。其全身都可入药，皮的药用价值最高。现代医学实验研究，紫荆皮对化脓性球菌和肠道致病菌有较强的抑制作用，对多种病毒都有抑制作用，还可抑制葡萄球菌的生长；花、果有活血通淋、清热凉血，用于风湿和筋骨痛，祛风解毒，孕妇心痛；花梗为外科疮疡要药；心材棕色，坚硬耐久，可供器具和细木工用材；树皮含单宁，可提烤胶，作工业原料；花芽可食；叶可作饲料。

51. 高贵典雅——大花蕙兰

简介

大花蕙兰，别名：虎头兰、蝉兰、新美娘兰、东亚兰、喜姆比兰。大花蕙兰叶宽而长，下垂，浅绿色，有光泽。花葶斜生，稍弯曲，花梗由兰头抽出，有 6 ~ 12 朵花。花硕大，花色有红、白、黄、绿、紫红、浅粉和各种过渡色及复合色。花期长，冬至晚春。原产于我国西南部及印度、缅甸、泰国、马来西亚和我国台湾。野生于森林中树干和幽谷的峭壁上，与附生的苔藓、蕨类共存及溪边的半阴环境。经驯

化，既保持野生习性，又适应家养的环境，在我国南方可露地越冬，并可年年开花。同属植物有独占春、碧玉兰、青蝉兰、西藏虎头兰、美花兰等原生种及大量的杂交品种。依花的大小分为大、中和小花型。喜冬季温暖和夏季凉爽及半阴的环境。耐高温，喜较大昼夜温差，花芽分化期间，白天温度 18 ~ 22℃，夜间 12 ~ 18℃。花芽形成萌发时，晚上温度要超过 14℃，否则花芽提早凋谢。生长适温 15 ~ 27℃，越冬温度不能低于 10℃，夏季不能高于 30℃。喜光、忌强光直射，夏季需遮光 50% ~ 60%。喜湿润及空气清新，怕干燥，夏季要求较高空气湿度，以 50% ~ 80% 为佳。栽植适合透气、疏松、排水良好、肥分适宜的微酸性基质。

养诀

常用分株法繁殖。大批量生产均采用未展叶的幼苗或健壮植株的芽体作外植体组织培养生产种苗；新品种培育采用无菌播种法繁殖。生长健壮的植株每 3 年在春季换盆时分株一次，或在花后短暂休眠期内进行。分株前应停止浇水，使基质稍干，可少伤根。将大丛植株分切成数丛，每丛至少应带有 3 个以上的假鳞茎，切口涂上硫黄粉，单独上盆使假鳞茎均露出于基质，仅根系栽于基质即可。盆栽基质，可用苔藓 1 份、蕨根 2 份或直径 1.5 ~ 2 厘米树皮块、芒骨、碎砖、木炭块等混合；以四壁多孔，口径 15 厘米的陶质花盆为宜。植时兰头必须全部露出植材表面。室内莳养应架空置于明亮散射光处。上盆 1 周内，基质要稍干，常喷叶面水。生长期需充分给水及较高的空气湿度。盛夏每日浇水 2 ~ 3 次；于晨前 8 点与黄昏 17 点后浇水；还应多次喷叶面水，以防黄叶，提高湿度和降温。花芽分化期间，须控水，以抑制茎叶旺长。冬季休眠期基质见干再浇。大花蕙兰喜肥，全年施用以复合肥为主，浓度 0.1% ~ 0.2%，每周一次；春、夏季追施腐熟的饼肥，

施用时稀释到 0.02%；秋季以钾、磷含量高的磷酸二氢钾或兰花的专用肥，浓度为 0.1% ~ 0.3%。温度低于 15℃应停止施肥。春季应遮光 20% ~ 30%。夏季遮光 60%左右，秋天应遮光 40%，冬天需充足光照，并入室，越冬夜间温度不得低于 5℃，通风不畅、栽培环境卫生条件不良，易遭受病虫害。常见病害：根腐病、黑腐病、炭疽病、灰霉病、白绢病等。应以预防为主，加强通风和光照。虫害有：介壳虫、红蜘蛛、蚜虫、蓟马、飞蛾、毛虫等。应定期喷洒杀虫剂及时防治。

妙用

大花蕙兰居家购买时应根据厅、室大小和喜爱色彩，选择中小型健壮、丰满、兰叶完整厚实、深绿光泽、无灼伤、花葶上花朵较多、花瓣厚实宽大，下部约有 1/3 花朵开放，上部的花蕾为绿色或浅绿色的植株。花蕾变黄，是即将脱落的前兆及病苗、弱苗不宜购买。北方地区气候寒冷，运输中保暖防冻。应放在通风、半阴及防寒处。还能吸收空气中的甲醛、苯和一氧化碳，起到了观赏和净化空气的作用。

52. 生谷自芬芳——兰花

简介

兰花，别名：山兰、幽兰、兰草、芸兰、待女兰、香草、燕尾春、大泽兰、香水兰、石瓣和针尾凤等。兰花具假鳞茎，俗称芦头，外包有叶鞘，常多个假鳞茎连在一起，成排同时存在。叶自茎部簇生，线形或剑形，革质，2 ~ 3 片成一束，自立或下垂。花单生或总状花序，花序高出叶面，花梗上着生多数苞片。花两性，具芳香。花冠由三枚萼片与三枚花瓣及蕊柱组成。兰花为兰科植物的统称。野生于人迹罕至的深山幽谷、杂木林的林荫下和

稀疏腐叶、野艾莠草旁，或肥沃松土的山坡、石隙及山溪边峭壁上。它种类多，家族庞大，除南极外，广布于世界各地。依生态习性，分地生兰、附生兰（气生兰）和腐生兰三类。我国是兰花的原产地。迄今分布广，资源丰富，品种较多。传统栽培的兰花属地生兰，被称之为中国兰或东亚兰。常见的栽培种有：春兰、建兰、蕙兰、寒兰和墨兰。性喜阴，忌阳光直射；喜湿润，忌高温、干燥、煤烟和尘埃；喜肥沃、富含大量腐殖质、通气、排水良好和微酸性的砂质土壤，宜空气流通的环境。忌碱性土及渍水。种子发芽最适温，白天 20 ~ 25℃，夜间 15 ~ 18℃。生长适温，白天 20 ~ 28℃，夜间 15 ~ 20℃，日夜温差以 10 ~ 15℃为宜。35℃以上时生长不良，5℃以下时处于休眠状态。深秋和冬季，最低温度应保持 0 ~ 10℃，春节过后应保持 15 ~ 20℃。

养诀

兰花，可用野生采集、播种、分株和组织培养法繁殖。组培技术的突破已形成了兰花的主要繁殖方法。其法切取幼茎顶尖生长点，经严格消毒后接种于 MS 培养基，4 ~ 6 周后产生原球体。将它分切再培养，经 1 ~ 2 个月又长出新的原球体。如此周而复始，可获大量原球体。当分化出根和芽，长成幼株时，可移植到基质中。播种法：因种子发芽较困难，一般多不采用。分株法盆栽的兰花，每 3 年左右分株一次。春兰和蕙兰在秋季生长停止时进行分株，建兰、墨兰和寒兰在早春花后叶芽未萌动前，选生长健壮的假鳞茎。分株繁殖应按 3 ~ 5 株为一丛，带根分开栽种。分株前减少浇水，使盆土干燥后，取出植株，剪除烂根和断根，清水洗净，晾干待烂根变软后，在假鳞茎之间隙较大处分开。切口处，涂以草木灰或硫黄粉，以防腐烂。花盆宜选通风透气好的专用盆，或高脚的瓦盆。新盆先清水浸泡数小时，盆的大小应为其叶展直径的 1/3 ~ 2/3。盆土以颗粒植材和过筛兰花泥混合配制为好，

王远提供

或用30%腐殖土和70%砂壤土配制。家庭盆栽，可购买花木公司的专用兰花土。盆底排水孔上垫好瓦片，再垫上碎石子、炉灰渣等，约占盆高的1/5。其上铺一层粗沙，放入培养土，将兰花新芽放在盆中，凭根理直舒展，填土过半，轻提兰苗，摇动花盆，使根与土密接。填土至盆沿，压紧，上留约3厘米沿口，以便浇肥水。上盆后浇透水放避风稍阴湿处，适当控制水量。成活后，即可移到室外庭院或阳台。放置之处，必须以适应兰花"爱朝阳，避夕阳，喜南暖，畏北寒，忌煤烟"的生长习性。早春与冬季放室内莳养，其余时间置室外荫棚下，夏天晨8：00至晚18：00遮光。春兰在夏季遮光宜达90%左右，春、秋两季在70%左右。蕙兰比春兰稍喜光，遮光荫蔽度达50%～80%即可。兰花较耐干旱，做到"七分干、三分湿"，每次浇水一定要浇透。夏初至秋初可每天浇水一次，其他时节可3～5天浇水一次。浇水应从盆边均匀地往下浇，不可在叶面淋浇，否则叶易黄。水质以雨水和养鱼水为好。自来水需放置3～5天再使用。冬季水温较气温高2～3℃为好。浇水宜早、晚进行。干旱和炎热季节傍晚应向花盆周围地面喷雾，以增加空气湿度。新植兰花第一年不宜施肥，培育1～2年根长旺时才可施肥。可用通用型长效肥作基肥。春、秋生长季节及开花前后，追施液态肥（豆饼、骨粉、鱼虾类等混合沤制至无臭味时所取的上清液）稀释100～150倍液，每隔半个月或3周施一次。傍晚施肥，次日晨浇水。勿将肥液溅在叶片上或浇到叶丛中，以防腐烂。夏季高温和冬季低温时，要停止施肥。对兰花病虫害，主要以预防为主。高温高湿，不通风透气，易发生红蜘蛛及螨等为害。病害主要是黑斑病、褐斑病、炭疽病、叶黄病和茎腐病等。应及时防治。

妙用

兰花如作盆栽或制成盆景，可点缀于书斋、客厅、卧室、走廊等处。若以插瓶，置于案头或几架之上，能解除人的烦闷和忧郁，使人心情爽朗。还有净化空气的功能，能吸收空气中的甲醛、一氧化碳等有害物质。兰花全草可入药，具有滋阴清肺、化痰止咳、通窍和利关节的功效。

53. 百结之花——丁香花

简介

丁香，别名：紫丁香、百结花、情客、鸡舌香、如宇香、百里馨和华北丁香。丁香花单叶对生，广卵形，全缘或少有分裂罕为羽状复叶，有叶柄。花两性，每3朵小花组成一个聚伞状花序，再排列成大型圆锥花序，由顶芽或侧芽抽生；花萼钟状，花冠紫色，漏斗状；香浓烈。花期4～6月；果期8～9月。我国是丁香的故乡，已有1 000多年的历史，以分布在川藏及西北地区的种类最为丰富。多分布在800～3 800米的山地，生长在山谷、河滩及阳坡、半阴坡之山地林缘、林下或灌木丛中。全世界丁香属约有27种，我国约有24种。我国主栽的丁香以华北紫丁香、白丁香、暴马丁香为主，还有关东丁香、蓝丁香、花叶丁香、北京丁香、四季丁香。性喜冬暖夏凉气候，耐寒性极强，多数种类耐-20℃的低温，个别种类耐-30℃或更低的低温。喜阳光充足，较耐阴，少数种喜半阴。喜湿润，耐旱力极强，畏惧夏季持续高温及潮湿。对土壤要求不严，耐瘠薄，除强酸、强碱性土壤外，在各类土壤上均能正常生长。忌大肥，以排水良好、疏松、含腐殖质丰富的中性或偏酸、偏碱性土壤生育最佳。忌低洼积水。

养诀

丁香可采用播种、嫁接、压条和分株法繁殖。多用播种和分株法繁殖。播种法繁殖：于3月下旬室内盆播，或4月中旬室外畦播。播前将种子放在0～7℃的低温下层积1～2个月，播后经14～25天即可出苗，或用40～50℃的温水浸种1～2小时，沙藏，上盖草袋或麻袋，保持湿润，待发芽后播种，幼苗3～5对叶片，间苗或移栽。露地幼苗怕涝、雨季及时排水。北方地区，当年生苗株冬季要埋土防寒保护。分株法繁殖：于3月或11月进行，将母株根部丛生的茎枝分离出，另行移栽即可。丁香移栽，宜在早春萌动前或休眠状态时进行，以选2～3年生苗为宜。定植的株行距一般2～3米，栽植穴深50～60厘米，直径70～80厘米。基肥以腐熟有机肥加适量骨粉为适宜。用量不宜过多，每穴约1千克，施时与土壤充分混匀。栽时根系舒展，填土层层压实，使根土密接。埋土后，除根颈处要与土面相平外，土面也要与穴边的地面相平，以防雨季积涝。栽后即浇灌透水，每隔10天浇水一次，连续浇3～5次，每次浇后松土保墒。生长旺盛和开花繁茂的丁香，每月浇灌 2 ～ 3 次透水。雨季要排水防涝。从 10 月至 11 月到入冬前，要灌 3 次透水。树龄达 20 ～ 30 年，靠天然降水，植株也可生长良好。植后不施或少施肥，切忌施肥过多，以免引起枝条徒长，影响开花。特别是氮肥，不宜多施。一般每年花后或秋季落叶后，穴施一次或隔年施一次适量的磷、钾肥及少量氮肥，每株施磷钾复合肥 60 ～ 70 克、氮肥 20 克，或腐熟厩肥 500 克。在每年 3 月中旬发芽前，疏除过密、细弱、病虫、中截旺长枝，使树冠内通风透光。花谢后如不留种，可将残花连同花穗下部两个芽剪掉。以减少养分消耗，促进萌发新枝和形成花芽。落叶后，还可以进行一次整枝，以保持树冠圆整美观，利于来年生长、开花。对老态植株可行截干更新。主要病害有凋萎病和叶枯病等，多发生在夏季高温、高湿时期；害虫主要有树蛾、卷叶蝇、大胡蜂及介壳虫等，应及时防治。

妙用

丁香花是我国北方园林中不可或缺的名贵观赏花木。在园林配置中，可将它孤植于窗前；丛植于建筑前、茶室凉亭周围，散植于沿路、草坪角隅、林缘、庭前或与其他花木搭配。其散发出的香气中含有丁香酚等化学物质，杀菌能力较强，夏天可驱蚊虫，还能对烟尘及氟化氢、二氧化碳等有害气体和污染物有净化和吸收作用。它还是切花的良好材料。丁香花可直接食用，具有营养又能治疗胃炎、肠炎和消化不良。其根、皮、枝与果实均可入药，在中药里属温祛寒的药物。传统上用于治疗胃寒呕吐、呃逆，以及肾阳不足所致的阳痿等症。干燥花蕾、叶或梗可提炼丁香油，现代药理研究证明：丁香油能促进胃液分泌，还具有抗菌、抗病毒、抗真菌作用，是制造药品的原料，又是制造香水等高档化妆品的重要原料。嫩枝可代茶。木材坚韧，供制农具及器具用。但是，丁香花对患有高血压、冠心病的老人有刺激，不宜放在居室内。

54. 贞洁之花——百合花

简介

百合花，别名：喇叭花、野百合、山丹、山大蒜、中逢花、重迈、玉手、摩罗卷丹等。百合花茎为阔卵状，白色，由披针形肉质鳞片组成；鳞片无节，着生于鳞茎盘上。从鳞茎基部长出的根称基生根，由鳞茎中的芽长出地上直立茎，呈圆柱形，不分枝。叶呈螺旋状散生或轮生，多为披针形，具平行脉。花大，单生、簇生或呈总状花序。

花朵直立、下垂或平；花色鲜艳，常有靠合成漏斗形、喇叭形、钟形或杯形。花色有白、黄、粉、紫、洋红、橘红等多种颜色，多具芳香。花期 6 ~ 10 月。原产于北半球温带和亚热带；我国是原产地之一，也是世界百合的分布与起源中心，野生资源数量占世界首位，拥有 55 种，占世界总数一半以上。著名的有台湾麝香百合、兰州百合、宜兴卷丹百合、南京白百合和湖南甜百合等。性喜凉爽、湿润的半阴环境，较耐寒，耐日光照射。喜干燥，怕水涝，忌连作。生长于肥沃、深厚的微酸性砂质土壤。其生长适温，白天 20 ~ 25℃，夜间 10 ~ 15℃。温度在 5℃以下或 28℃以上时，生长会受到影响。生长过程以昼温 21 ~ 23℃，夜温 15 ~ 17℃最为理想。生长前期适当低温有利于生根和花芽分化。

养诀

百合的繁殖，主要以分鳞茎（子球）和用鳞茎片扦插为主，也可采用播种及组织培养、杂交、多倍体和辐射育种等法繁殖。分鳞茎法繁殖：秋季掘起鳞茎，将基节上着生的小鳞茎摘下分栽，培养 1 ~ 2 年即可开花。鳞片扦插法繁殖：仲秋或春末，选成熟健壮的大鳞茎稍加阴干，剥下完整无损的鳞片，使每个小鳞片的基部都带一部分茎盘，内侧朝上，基部向下斜插于消毒过的腐殖土、沙土或蛭石中，露出顶端，置于空气新鲜、有光照处，保持 15 ~ 20℃的土温及土壤稍湿润。鳞片下端伤口处能产生小子球并生根，培养 2 ~ 3 年，即可长出开花种球。

百合可盆栽或地栽。均以秋季栽植为宜。盆栽管理技术：种球应选充实、均匀与直径 10 厘米以上无病者。植前用 75%百菌清可湿性粉剂 800 倍液，或 70%甲基托布津 800 倍液，浸泡 30 分钟，晾干后上盆。盆土用 50%泥炭土、30%田间土和 20%珍珠岩（或粗河沙）混匀而成。采用口径 12 ~ 15 厘米的深盆，每盆栽一个种球；或口径 15 ~ 18 厘米的深盆，每盆栽 3 个种球，呈“品”字形均匀排放。芽朝向盆壁，深覆土 8 厘米左右，稍压实，浇透水，置荫棚内。生长期应保持盆土湿润，防止过于潮湿和积水。浇水宜在早晨。生长初期土温要低，以 5 ~ 13℃为宜。注意遮阴、通风。茎根长出后，要逐步升温；白天 18 ~ 25℃，夜间 15 ~ 20℃。常转动花盆，防止茎干弯曲。夏季用遮阳网遮光 50% ~ 70%，还应适当浇灌或覆盖，以降低土温。栽植后，前 3 ~ 4 周不施肥，之后 5 ~ 7 天追施一次 1%尿素和 0.5%磷酸镁水溶液。现蕾后，用 1%硝酸铵和 1%硝酸钾水溶液，或 0.3%硝酸钾和 0.1%磷酸二氢钾水溶液，对叶面喷施 1 ~ 2 次。叶片出现黄化时，可土施一次 0.5%硫酸亚铁溶液。当新芽出土长至 5 ~ 10 厘米，土施 50 ~ 100 毫克 / 升多效唑，可达矮化、株型紧凑、叶色加深和减轻黄化，提高观赏效果。此外，鳞茎无皮膜保护，易干燥，挖出的鳞茎即分栽或用微潮沙土假植，置阴凉处保存。主要有黑斑病，灰霉病和锈病为害，可用 25%多菌灵可湿性粉剂 500 倍液喷洒防治。虫害有蛴螬、蚜虫为害，可用 50%敌敌畏乳油 1 000 倍液喷杀。

妙用

在婚礼上赠送百合，寓意新人百年好合，婚姻幸福美满、子孙满堂；给母亲或长辈送百合，寓意万事如意。百合花在园林、庭院中栽于花坛中心，或林间草地的花境中，或群植于树下，林缘坡地。此外，高大的种类可与灌木配置成丛；中高的种类可于稀疏林下或空地上片植或丛植，也可盆栽，供阳台和室内摆设观赏。且它的挥发性油类，具有显著的杀菌消毒的功能；还能吸收空气中的一氧化碳和二氧化硫等有害气体，净化居室环境。百合花亦是重要切花材料，作插花、瓶插之用。其地下鳞茎更是食疗之佳品，是良好的强身滋补品，且具润肺止咳、清心安神的功能。花还可提取芳香油，而且做成佳肴能美容，减少皱纹，促进皮肤弹性，增强肌体免疫力。

55. 馥郁可人——白兰花

简介

白兰花，别名：白玉兰、白兰、把儿兰、缅桂、白缅花、黄桶花和玉兰花。白兰花单叶互生，薄革质，长椭圆形。花单生叶腋，花被瓣 6 ~ 9 片，披针形，白色，浓香，通常不结实。花期 4 ~ 9 月，陆续开放，夏季盛开。原产于喜马拉雅山南麓。引入我国虽只有百余年，已在华南各省广泛栽培，长江流域以北及华北多作盆栽或桶栽。性喜日照充足、暖热、湿润和通风良好的环境。不耐阴，也不耐酷热和日灼。畏寒，冬季温度不低5℃，−3℃时受冻害。最忌烟气，不耐旱又不耐湿、尤忌渍涝。喜富含腐殖质、排水良好、疏松肥沃、微酸性的砂质壤土。木质较脆，枝干易被大风吹断。江南地区，一年抽发三次新梢。第一次在清明至谷雨期间，第二次在梅雨期，第三次在立秋前后。花期长达 150 天，陆续开放，以 6 ~ 7 月开花最盛，秋花最香。

养诀

白兰花以扦插、高压、嫁接及播种等法繁殖。常以嫁接、高压繁殖为主。嫁接繁殖时，砧木以选 2 ~ 3 年生、茎粗 1 ~ 1.5 厘米的紫玉兰或黄缅桂实生苗为优。接穗选优质丰产健壮、发育充实的一年生粗壮枝条上的饱满芽体，5 ~ 6 月靠接，2 ~ 3 年后即可开花。高压繁殖：选当年生或 2 年生，直径 1 ~ 2 厘米发育健壮的枝条，6月间进行压条。采用环剥高压法时，环剥带宽约2厘米，裹上湿润泥土和苔藓各半混合泥，再用薄膜包扎。如其间遇旱，水分过少，可使用注射器将水注入，使泥土保湿。当年9～10月生根后，割离母株栽植培养。白兰花须细心养护。盆栽于秋季落叶后至翌年萌芽前栽植。起苗时，应保持根条完整，随起随栽。盆土用红土、腐叶土各半混合，或草炭土加三成河沙，并施足腐熟基肥配成。浇水不宜多，盆土宜见干见湿，春、秋两季多浇，尤其盛花期浇水要勤，冬季移入室内后要少浇水。浇灌用水，以室内贮藏的水为好，也可用硫酸亚铁水浇灌。5月份每隔10天左右追施一次腐熟的有机液肥，以马蹄片、芝麻酱和硫酸亚铁，按1∶1∶0.5比例，混合泡水发酵后，对水9份施用。家庭莳养时，可施用市售花卉营养液。立秋后，移到阳光下养护，停止追肥。夏季要适当遮阳，避免中午强光直晒。冬季要做好防寒工作。10月上中旬，移入温室越冬。生长过程应注意整形修剪。主干高0.5～1米时，要打顶促进分枝。8月上中旬摘心，控制株型，矮化树干。及早剪去病枯枝和徒长枝，摘除部分下部叶片，以抑制植株长势，促进孕蕾多开花。出房时间，清明至谷雨前为宜，出房前，必须换盆，一般幼株每隔1～2年换一次，长大后3～4年换一次。换时，保持宿土不散，剪去部分多余的老根和伤残根，增添疏松肥土，有利于根部发育。夏、秋易受红蜘蛛、蚜虫的侵害，病害有炭疽病，应及时防治。

妙用

白兰花是著名的香花树种。在南方城市，作为园林的骨干树种，常群植或疏植于园内、行道旁及屋畔窗前。用白兰花作室内瓶花，可维持室内1周芳香不息。将它的花佩戴在胸襟或发辫上，或藏于手绢中，既可香身，又显高雅，极受青睐。花可窨制名茶，其香味远比茉莉花茶浓而醇，素为花茶之珍品。花含有芳香醇等成分，可提取昂贵的玉兰油、玉兰浸膏和玉兰香精。花所含的挥发性芳香物质，有助于杀灭原生细菌，净化空气。此外，对氯气、二氧化硫等有毒气体反应敏感，对环境污染具有监测作用。白兰花的花瓣厚实，清香，能食，又有较高的药用价值，具有化湿解暑、利尿化浊，止咳去痰功效，主治慢性支气管炎，前列腺炎、白带过多等症。根皮含生物碱等成分，能治便秘。

56. 岁寒独秀——腊梅花

简介

腊梅花，别名：腊梅、寒梅、早梅、干枝梅、雪梅、冬梅等。腊梅花树干丛生，黄褐色，皮孔明显，具有纵棱。单叶对生，椭圆状卵形，全绿，表面有硬毛，背面光滑无毛。冬末，先叶开放，花浓香。花托发育成蒴果状，内含褐色种子数粒。花期 12 月至翌年 2 月，果期 9 ～ 10 月。原产于我国中部秦岭、大巴山等区，以陕西及湖北为分布中心。是中国传统的名贵观赏花木。性喜阳，稍耐阴，耐寒力较强，怕冷风吹袭。忌水湿，耐旱力极强。喜肥，喜土层深厚、排水良好、富含腐殖质的微酸性或中性砂质壤土。不耐盐碱，为阳性长寿树种。根部萌蘖力强，耐修剪。不耐煤烟，对二氧化硫气体抵抗力较弱。可在温度高于 -15℃的露地安然越冬，花期温度不得低于 -10℃。除徒长枝外，当年生枝大多可以形成花芽，以 5 ～ 15 厘米长的短枝上着花最多。

养诀

可用嫁接、分株、压条及播种法繁殖腊梅。以嫁接繁殖和分株繁殖为常用。嫁接繁殖多用切接。选 2 ～ 3 年生狗蝇腊梅或实生苗为砧木，于花后春季 3 ～ 4 月叶芽开始萌动，并有麦粒大小时，嫁接于素心、磬口腊梅等珍品，成活率高。接穗应选用 2 年生粗壮而较长的枝条，取其中段 6 ～ 7 厘米长，有 1 ～ 2 对芽，削成浅切面，略露出木质部。切砧木时用刀不要太紧，接后用塑料带缚扎好，并培土封住切口。1个月后，扒开土堆，检查成活情况。秋季，待切接苗高60厘米以上时，将主枝短截，促使其发生侧枝，2～3年后，即可开花。分株以休眠期为好。取基部带有主枝1～2支,有多条须根小株,并在主干10厘米处剪裁后栽种，极易成活。盆栽宜选用大型深筒花盆；盆土用疏松肥沃、排水良好的砂壤土，盆底施腐熟基肥；于10月后选花蕾已饱满,带土球掘起,植于盆中,于向阳处培养。平时要适当浇水。掌握干透再浇水的原则,盆土以保持半墒状态为宜。夏季高温，又是花期形成期，不可缺水，浇水要充分，但忌积水。生长旺季浇水也应多些。生长停止、冬季入室后均应控制浇水量。每年4～5月生长期，应每隔1周施一次腐熟的饼肥水，水、肥比可按3 ：10配合。7～8月为花芽形成期，应每隔15～20天施一次，肥水的浓度应稀一些，其比例以1 ：5为佳。秋后再施一次干饼肥。入冬后，盆土要略干，不再施肥。腊梅萌发力强，花朵凋谢时及早将残花摘除；花后及时修剪，一般将花枝20厘米以上部分剪除，并将前一年的伸长枝截短，留2～3对芽即可，既能保持良好树形，又利于花芽分化。盆栽每隔2～3年于芽萌动时换大号盆一次，换盆时可将根部土团除去1/3旧土，剪去部分过长老根，培以新培养土。如若培育桩头盆景，可选留几根壮枝，将其余剪去，在老根堆壅泥土，保持潮湿，并逐年剔土提根，使根茎逐渐露出盆土面，形成悬根露爪，苍劲古雅的树形。对腊梅，花期可人工调控。元旦、春节腊梅盛开，不用人工催延花期。如需在十一国庆节开花，应在8月初，花芽形成后，将生长健壮苗盆移入10～15℃冷室。在距节日20天左右时，将苗盆移至温暖（25℃左右）向阳处莳养，就会适时开花。

妙用

腊梅常栽于古典园林的亭、台、楼、阁之侧，倚以山石，傍溪依水，与松、竹常绿植物配置既体现冬季景色。腊梅为长寿树种，寿命可达500～600年，且越老越怪，越老越奇，将老根枯干制作桩景，放置案头厅堂，使之发叶展花，可获得巧夺天工的意境。它还可清除大气中的汞蒸气，对二氧化硫等有害物质有净化作用，又能清除家电、塑料制品散发在空气中的有害物质。腊梅不仅观赏价值很高，还有不菲的经济价值，鲜花可提取天然香精，还可窨制高级花茶，制作名菜佳肴。花烘干后为名贵药材，有消毒解表，顺气止咳和解毒生津的功效，花蕾浸菜子油治浇伤、烫伤及中耳炎；皮和叶有祛风、解毒、止血作用；根，中药名为“铁筷子”，有镇咳、止喘功效；子可治腹泻、久痢之症。且其根系发达，生长适应性及根部萌蘖力强，是水土保持和防风固沙的优良树种。

57. 异国花宾——大丽花

简介

大丽花，别名：天竺牡丹、大丽菊、大理花、西番莲、山芋花和地瓜花。大丽花叶对生，1 ~ 3 回羽状分裂，极少数为单叶。头状花序具长总梗，顶生，直径 5 ~ 35 厘米，最大可达 40 厘米，由中心的管状花和外围的舌状花组成。舌状花单性，形状和色彩极富变化，有红、紫、白、黄、橙等色；管状花两性，多为黄色。其花朵特征与瓣形变化，是品种鉴定的主要依据。果长椭圆形，种子黑褐色。花期 6 ~ 10 月；果期为 8 月下旬至 9 月下旬。原产于墨西哥及危地马拉一带，多数种类分布在海拔 1 500 米以上的亚热带高原和山地。目前我国东北、西北和华北地区栽培较盛，其中以甘肃矮种大丽花较为著名。一些地区的矮生盆栽大丽花，已步入了规模生产；引种的小丽花，发展很快，已广泛应用于花坛摆放、花镜、盆花栽培。常见栽培品种的花型有：单瓣、复瓣、圆球、菊花、荷花、装饰、托桂、蟹爪、仙人掌、绣球和牡丹型。性喜高燥、凉爽，不耐寒，忌暑热，生育适温为白天 25℃左右，夜间 15℃左右，在 30℃以上的高温及 10℃以下的低温发育迟缓，冬季休眠。昼夜温差大，利于生长。喜充足光照，但忌强阳光照射与荫蔽的环境；喜湿润，忌旱涝，要求通风良好，富含有机质中性、排水良好的砂质壤土，忌浓肥与重黏土；露地栽培需进行轮作，忌连作。盆栽喜深大盆，忌浅小轻盆，土壤不宜重用。

养诀

大丽花以扦插或分株繁殖为主，也可组织培养繁殖。扦插繁殖：在温室下四季均可进行；在露天春、秋季可进行，以 3 ~ 4 月最好。选前储存一年的健壮无病的块根催芽，新芽长至 5 厘米左右时，可手掰取或用利刀切下新芽作插穗，1 个月后盆栽，当年可开花。以蛭石或粗沙为插床，插后常喷水，遮阴60%，约30天生根，40天上盆，上盆40～110天后可开花。分株繁殖：入春后（3月末），于发芽前，将储藏的块根分割成若干块，每块需有1个以上饱满芽。操作时勿伤幼芽，切口涂抹鲜草木灰，干燥后栽入消毒过的沙床或盆中，深3～5厘米，以防腐烂。此法简便，成活率高，但繁殖的数量较少。组织培养：以茎尖为材料，来获得脱毒的大丽花植株。

大丽花有盆栽或露地栽培。前者适宜矮生品种，较常使用。盆径30～50厘米的土陶盆或紫砂盆。早春应翻盆换新土，苗高15厘米时摘心，开花前喷施0.05%～0.10%的矮壮素。在地势低或多雨地区，应高畦栽培。栽植时间：华南地区为2～3月，华东地区为4～5月，华北地区为5月。植株间距50～100厘米以上。以上两种栽培方式，均应：①株高30厘米时，用4根小指粗竹竿或筷子粗的钢筋及时立支架，以防风害；②生长期保持适温和10℃左右的昼夜温差，及充足的阳光，做到上午充分见光，中午和下午遮光50%左右。生长前期控制水分，防止徒长。夏季，每天向叶面及四周地面喷水1～2次，以保持60%的空气湿度。雨季及时排水；③除用腐叶土50%、菜园土35%、沙10%和草木灰5%混合成疏松肥沃的中性沙质壤土栽种外，幼苗生长前期少施氮肥，每15天追施一次磷、钾肥，促进茎干粗壮。④生长期注意整枝修剪和摘蕾。欲培养独木大丽花，则应采用不摘心单干培养法，保留主枝的顶芽，摘除茎端下侧芽。欲培养多本大丽花，则应采用摘心多枝培养法；⑤矮化处理。除采用换盆、控水措施外，在生长期喷施生长抑制剂，以控制茎干生长；⑥及时防治病虫害。

大丽花不耐寒，栽培区应于早霜后除去枯茎叶，挖出块根，晾晒2～3天，再沙藏于室内背阴处，保持3～5℃的室温和50%的湿度。越冬贮藏期间，要经常检查，及时剪掉腐烂和无用根。盆栽大丽花，在剪除地上部分后，可原盆存放室内越冬。

妙用

大丽花在我国是吉祥美好的花卉；在国外，寓意感激与感谢、尊严与高贵。通常小花型品种，盆栽置于厅堂、几案之上，高型品种最适宜于花境布置，花坛、庭前丛栽，或与各类灌木巧配置，也可与观叶植物搭配。还可作切花瓶插，又是制作花篮、花束、花圈、花牌的最佳花卉之一。中矮型品种成片群植，易形成色块，或作为花带效果也非常好。还对二氧化硫、氯气、氟化氢等有害气体有较强的吸收能力，是改善城市生态环境、美化、净化市容与居室的极佳材料。据医学资料和民间经验，全草可入药，有清热解毒、降血压、降胃火功效；花可美容，鲜花可治火烫伤；叶含消化酶等物质，可用做家畜饲料。

58. 母爱之花——康乃馨

简介

康乃馨，别名：香石竹、麝香石竹、荷兰石竹、丁香石竹、母亲花等。康乃馨叶对生，线状披针形。花朵单生，聚伞状排列，花瓣紧凑呈不规则状，均匀地包卷在筒状的花萼之中，单瓣或重瓣，花色有粉红、大红、紫红、黄、白以及多种颜色，镶边或带斑点等复色，具浓香。花期长，每年开花时间达200多天，花期为5～7月。蒴果褐色，成熟后果实自行开裂，种子失落。原产于欧洲南部、地中海北岸、法国与希腊一带，印度也有分布。目前在世界各国广泛栽植。性喜空气流通、干燥、阳光充足的环境，忌高温多湿。要求排水良好、腐殖质丰富、保肥性能好、呈微碱性的黏土壤，最适宜的土壤pH 6.0～6.5，忌连作。喜冬季温和夏季凉爽的环境，耐寒性弱，最适宜的生长温度为20℃左右。一般冬、春季节白天15～18℃，晚间10～12℃；夏、秋季白天18～21℃，晚间12～15℃。

养诀

用扦插、播种、组织培养等法繁殖，常规繁殖以扦插为主。播种繁殖多用于人工杂交育种。切花用的一般以组培法去除病毒后获得脱毒苗作为母本，然后用扦插法繁殖。扦插繁殖除盛夏外其他时间均可进行，尤其1月下旬至2月上旬成活率最高。插穗选取中部侧芽2～3个，长至4～7厘米时，用手掰取，基部带踵易成活，且需带叶扦插，插入砂质土中1厘米为宜，插后庇荫，喷水保湿，在10～15℃的温度下，20～30天可生根，1个月后即可移栽定植。应选通风、干燥、向阳的植地，株行距10～25厘米。应浅栽，防基腐病发生。除生长开花旺季要及时浇水外，平时要少浇水，保持土壤湿润及空气湿度75%左右为宜，花前适当喷水保湿，可防花苞提前开裂。生长期每隔半月施一次腐熟的稀薄肥水，并结合中耕除草，花后再追肥一次，还应适时摘心。苗高15厘米时第一次摘心，于第四对叶上部摘除，留2个侧芽，其余侧芽去除。摘心须选阳光充足的晴天，以利伤口及早愈合。1.5～2月后，选留4～6个侧枝第二次摘心。霜降前后入室，白天保持15℃，夜间10℃即可。常见病害有萼腐病、锈病、灰霉病、芽腐病、根腐病。可用代森锌、五氧化锈灵、多菌灵等药剂防治。虫害有红蜘蛛、蚜虫，可用40%乐果乳剂1 000倍液喷杀。

妙用

康乃馨是献给母亲的花。它象征着慈祥、温馨、真挚、无价的母爱。插花观赏期长，可用来点缀居室、窗台、阳台，赠送亲朋好友。除了制作艺术插花、花束、装饰花篮、新娘捧花及桌饰、花环等的重要花材外，也是制作发型花饰、帽花饰、肩花饰、腕花饰、胸花饰等人体花饰常用花材。切花瓶插寿命长，可制作各种文字图案或造型。它还可露地栽培，丰富庭院景观，布置花坛，也可盆栽，供室内布置观赏。康乃馨还能入药，具有清热、解毒、利尿、活血、调经功效，用于治疗尿道炎、膀胱炎、肾炎、高血压，月经不调、水肿、疮疖等症。

59. 世界花后——郁金香

简介

郁金香，别名：郁香、洋荷花、旱荷花、红蓝花，草麝香等。郁金香早春开花，花大，色艳，花色奇特；其花朵直立，状似一盏高脚酒杯，陪衬在粉绿色叶片之上，有红、橙、黄、紫、黑、白等色或复色，为荷兰、阿富汗、伊朗、土耳其、匈牙利等国的国花。原产地中海沿岸、中亚细亚、伊朗、土耳其和中国新疆及青藏高原。园艺品种繁多，除原生种郁金香外，还有香郁金香、格里郁金香、克比郁金香和考夫曼郁金香等。其中以黑色郁金香为当今万花丛中的稀世之宝，被誉为“花卉王国中的皇后”，现世界各地都有栽培。性喜冬季温暖湿润，夏季凉爽干燥、向阳或半阴的环境。忌酷暑，怕水涝。要求富含腐殖质疏松肥沃、排水良好的微酸性砂质壤土，忌低湿碱性土或黏重土及连作。耐寒性强，冬季球根可耐零下35℃的低温，生长期最佳适温15 ~ 18℃，花芽分化适温17 ~ 23℃，花前3周为茎叶生长旺期。花朵昼开夜合，一般开放5 ~ 6天。根系损伤后不能再生，不易移植，鳞茎寿命仅1年。鳞茎当年开花并分生新茎及子球后逐渐干枯死亡。平均每个鳞茎可分生1 ~ 3个新生球及4 ~ 6个子球。

李文宾提供

养诀

以分鳞茎繁殖为主，育种及大量繁殖采用种子播种法繁殖。当母球干枯时掘起鳞茎，去泥阴干，分离出的子球置5 ~ 10℃的通风处储存。秋季栽种，华北地区于9 ~ 10月选向阳避风处进行。植地施足腐叶土和适量的磷、钾肥作基肥。植球后覆土为球高2倍即可，冬季需覆盖保护过冬。子球继续培养，2 ~ 3年可开花。种子繁殖需经7 ~ 9℃的低温处理，秋季露地播种，翌春发芽，一般3 ~ 5

年才能开花。盆栽观赏于秋季上盆，选壮实肥大、无破损、无带病斑的球茎，用15 ~ 20厘米盆径的盆，每盆栽3 ~ 5枚。盆土用一般培养土，加少许复合肥及磷、钾肥。植前剥去种球外层干燥膜质假鳞片，摆正放匀，顶部与土齐平。植后浇透水后将盆置于冷凉处，经8 ~ 10周低温，根系充分生长，芽开始萌动时，移入室温5 ~ 10℃半阴处，保持湿润，每7 ~ 10天施稀薄液肥一次。现蕾前移到见光处，使室温增至15 ~ 18℃，花前增施磷、钾肥，就可在元旦或春节时开花。花谢后即剪去花梗，将带叶的鳞茎种在施过基肥的盆内，促使分裂出的子球生长膨大，此时追2 ~ 3次薄肥，注意浇水防干。初夏把鳞茎从盆中挖出晾干后储藏。9 ~ 10月再重新上盆，并施基肥、浇水。冬季放在向阳温暖的室外，盆土要偏干忌湿，立春新叶长出，再追施薄肥2次，至4月间就会再度开花。养护期主要病害有腐朽菌核病、腐烂病、碎色病毒。发现瘦弱退化或重病株，应及时除去；喷40%的氧化乐果乳剂1 000倍液防治，为减少蚜虫传播病毒，可喷洒2.5%的鱼藤精800 ~ 900倍液防治。

李文宾提供

妙用

郁金香被欧美一些国家视为美好、庄严、华贵和成功、胜利和凯旋的象征，在我国象征吉祥美好。在园林中多按不同色彩配置成各种图案布置花境、花坛，或成片用于草坪、树林，水边，形成整体色块景观，是春季布置的极好品种，也可将早、中、晚类型品种搭配种植能取得延长花期的观赏效果。矮性品种还可盆栽，放在阳台、窗前，增添室内欢快和热烈的气氛。也是很好的切花材料，用于花束、花篮、瓶插花等主体花饰。将郁金香装饰于家居能净化空气，还可检测环境中是否具有氟化氢，如有则花萎，叶片变黄。其鳞茎含有大量淀粉，可供食用，做成佳肴，鲜香可口。鳞茎和根有很高药用价值，其性平味苦，无毒，有镇静作用，但花含有毒碱，过敏体质的人应避免过多接触，以防皮肤出现过敏症状。

60. 美丽娇艳——秋海棠

简介

秋海棠，别名：四季秋海棠、草海棠、岩丸子。秋海棠原产于我国，约有400种，分布在海拔100～2 900米，集中分布于四川、云南、贵州和西藏等省区，长江以南各省也有部分分布。野生多生在树丛中，或长在岩石缝隙间较浅土层中，四川峨眉山地区野生秋海棠种类十分丰富。全球园艺栽培约有千种之多，我国常见的有20多个品种。按根型分球根类、根茎类、须根类三种。按观赏性分观花和观叶两大类。观花的花色有白、淡红、红橙、红、深红、绿白、黄、浅黄、橙黄及各种双色；花型多姿别致，有茶花型、水仙型、康乃馨型、月季型、牡丹型、蜀葵、皱瓣型和长缘毛型等，尤以重瓣为新奇。观叶的叶形和叶色多变，这在观赏植物中也不多见。有根茎、块状；地上茎直立，绿色，多分枝；节部膨大多汁，叶互生，呈斜心形，色绿或红，叶面和叶柄带紫红色，叶背有红筋或绿筋。叶腋生有小珠芽，落地后能自生出新苗。花顶生或腋生，小而稠密，浅粉红色。蒴果具3翅，种子细小。花期8～9月。喜阴湿，忌阳光直射。喜温暖湿润，较高空气湿度，不耐寒，最适温度20℃，最低温度10℃，否则易受冻害。怕干旱和水涝。冬季有休眠习性。

养诀

秋海棠的繁殖有块茎分割、扦插和播种法繁殖。扦插繁殖常于温室中进行，一年四季均可，以5月、6月成活率高。插穗选健壮带顶芽的枝茎，长约10厘米，留顶端1～2片叶子，剪枝后待切口干燥后扦插。插后2个月上盆，当年可开花。块茎分割于块茎萌发前3～4月，将块茎顶部切割成数块，每块留一个芽眼，切口涂草木灰或杀菌剂。待分割块茎萌芽后，即可上盆，植时块茎一半露出土面为宜。播种繁殖于4月、5月进行，覆土要浅，约2周出苗。由于子小，不易采集，一般不采用。秋海棠容易存活，较好种植。盆栽宜春、秋季节进行。盆土用腐叶土、园土、河沙，按1∶1∶1的比例加适量厩肥和过磷酸钙配制。花盆置于阳台或庭院的半阴处养护，忌让强光直射。浇水应见干见湿，常向叶面及花盆周围喷洒水雾，并保持空气较高的湿度。上盆后半个月，施一次腐熟的饼肥水，生长期每隔20～30天施一次沤制稀液肥，施肥时不能污染叶面，初花出现后应增施磷、钾肥。当大苗5～6片真叶和花后应打顶摘心，控制株形，促进分枝。莳养1～2年后即衰老，可从基部重剪，促发新芽，经摘心处理，可恢复植株茂盛。盆栽每1～2年要换一次盆。主要病虫害：高湿易患细菌性叶斑病，发病时及时摘掉病叶烧毁，并用200毫克/升的农用链霉素或75%百菌清600～800倍液，每7～10天喷雾防治一次，夏季是蚜虫与红蜘蛛的高发期，可用40%氧化乐果1 000～1 200倍液喷洒。

王远提供

妙用

秋海棠是爱情之花，在我国寓意相思、苦恋，西方各国是美德的象征，法国人民视为真挚的友谊，欧美却视为残废、丑陋、畸形的代名词。在我国常配植于阴湿的墙角、沿阶处，将多花品种布置于夏秋花坛和草坪边缘，或成片种植。适于书桌、案头、商店橱窗、会议条桌、餐厅条桌作为摆设和点缀。南方用观叶盆栽摆放住宅周围，北方冬季盆栽观花或观叶秋海棠，装点阳台或窗台。还可清除空气中的氟化氢，去除甲醛，对氮氧化物十分敏感，可作为监测指标植物。其气味有杀菌、抑菌功效，全草、根、茎叶可入药。全草有清热凉血、调经活血、利尿、通淋功效；根有活血化瘀、止血清热之功；茎叶能清热消肿，外敷能治跌打损伤。有用其叶生产秋海棠茶，有健胃、解酒功效。

61. 南国佳人——鸡蛋花

简介

鸡蛋花，别名：缅栀子、蛋黄花、印度素馨、寺院树、蕃花、占芭花（老挝）、生金树和金塔花(美洲土著)。鸡蛋花原产于墨西哥、巴拿马、委内瑞拉及南美北部、西印度洋群岛等地。中国栽培历史较长，在南方的广东、广西、福建、海南、云南和台湾等地多为地栽，其中云南南部山中有野生的，在华北地区多为盆栽。其高 5 ~ 9 米，枝条粗壮，肥厚肉质，易折，全身具乳白液汁。叶大互生，厚纸质，片圆状倒披针形，每 10 数片聚生于枝顶，翠绿光滑。聚伞花序顶生，有多数花；花冠高脚碟状，5 裂，外面乳白色，略带淡红斑纹，中央为黄色；裂片左旋，覆瓦状排列。花期 5 ~ 9 月，花芳香。蓇葖果双生，叉开，果期 7 ~ 12 月。鸡蛋花属阳性树，生性强健。喜阳光充足的高温、高湿气候。适宜于排水良好而肥沃湿润砂质壤土。耐干旱，不耐寒。生长适温 20 ~ 26℃，低于 15℃时，植株即进入休眠。越冬温度不可低于 8℃。萌芽力强，分枝庞杂，可自成广阔树冠。病虫害少。

养诀

采用扦插和压条法繁殖。常用扦插法繁殖，宜在清明节后选取 1 ~ 2 年生，长 10 ~ 15 厘米带 3 个芽的健壮枝，用清水浸泡 2 ~ 3 小时，洗净流出的乳汁，置阴凉处，待切口干燥后，插于沙床或砂壤土中。经 20 天左右生根后移植圃地莳养，如进行地栽，幼苗需培育 2 ~ 3 年。若盆栽，应选择矮性品种，用直径 20 ~ 30 厘米的花盆，宜放室外阳光充足处。春末至秋季生长期，应充分浇水，夏天常向植株喷水，加大空气湿度。每 7 ~ 10 天施一次腐熟的饼肥，或花店出售的通用花卉肥。花前以施磷肥为主，肥水宜淡，不宜浓。花期需充足的光照，积水易导

致花朵脱落。冬季自然落叶后，应移入室内养护，保持室温 7 ~ 10℃，并节制浇水，停止施肥。每年春季，翻盆一次，用营养土加少量骨粉和腐熟饼肥作基肥。结合翻盆，于萌芽前，剪去病弱枝、枯枝、徒长枝及茎基部萌发的枝条。对剪枝后伤口流出的汁液，可用清水冲洗来止住。病虫害较少，但若通风不良，则易发生虫害，应注意预防。

妙用

鸡蛋花在我国是吉祥、纯洁、富贵的象征。常置于庭园的墙角、池畔和草地边，也可用于山石旁、湖边及工厂绿化。用幼苗盆栽，适合于窗台、阳台和小庭院。簇生的鲜花可供插花、制作花束、花篮等。既能美化环境，又能净化空气，是名副其实的“环保”树。鸡蛋花可入药，夏、秋时节采摘鲜花晒干，泡水饮用，其味甘凉，可预防中暑、肠炎、细菌性痢疾、消化不良、小儿疳积，传染性肝炎、支气管炎等；花含芳香油，可熏制香茶，提取香精，制成高级化妆品、香皂和作食品添加剂；花朵具有保健功能。叶片捣烂外敷，可治淤伤或溃疡。树皮及枝叶所含的乳汁有毒，外敷可医治疥疮及红肿等症。木材白色，质轻而软，用于制乐器、餐具或家具。

62. 花中宰相——芍药

简介

芍药，别名：草芍药、将离、离草、没骨花，杨花等。芍药原产华北、华中各地，生于山坡草地。秦岭、大别山、北京西郊百花山等地，迄今都有野生种。茎由根部簇生，直立或扭曲。春末夏初开花，花单生于茎的顶端或近顶端叶腋处；花蕾桃形，花朵有千瓣（重瓣）、多瓣、单瓣等类型；花有紫红、粉红、朱红、黄色、白色、紫色等。果实为蓇葖果，呈纺锤形，种子黑色，圆形。芍药全属35种，我国有14种，200多个品种。现除华南部分地区天气炎热不宜生长外遍及全国各地，以北京丰台、山东菏泽、安徽亳州所产的芍药最为有名。一般园艺品种以观赏为主，药用品种以药效为主。芍药耐严寒，耐干旱，适应性强，中国北方地区均可露地越冬。夏季喜冷凉气候，喜疏松肥沃、土层深厚、排水良好中性土或微碱性的壤土和充足光照，喜湿润但忌涝，肉质根不耐水湿，低洼盐碱地不宜栽培，忌连作。春季迅速抽芽生长开花，花后不再生长。秋后地上茎丛枯死，地下每支茎基部生出1～3个新芽，来春萌发。

养诀

芍药通常采用分株法繁殖，也可采用播种法繁殖。分株繁殖时间，俗语称：“春分分芍药，到冬不开花”。故芍药春季不宜移植，通常于10月地上部分枯萎后进行分株繁殖。分株繁殖时将根丛掘起，抖掉泥土，阴干稍软时，每丛带有3～5个芽，切口处涂以草木灰或硫黄粉，置阴处待栽。分栽后翌年即能开花。播种繁殖常用于培育新品种。种子成熟后随采随播，或阴干后用湿沙储藏，促进种胚后熟。播种后当年秋季只生根，翌年春暖后新芽出土。播种苗4～5年后可开花。芍药地栽，宜选阳光充足，土壤疏松，土层深厚，富含

有机质，排水通畅的场地栽植。庭院栽培应选避风向阳，排水良好之处。植前深耕，施足腐熟肥、厩肥和骨粉作基肥，于秋季定植。田间栽培株行距 50 厘米 ×60 厘米，园林种植株行距 50 厘米 ×100 厘米。植时芽顶端与土面平齐。盆栽栽于广口深盆中，盆土施基肥，覆土至顶芽上 3 ~ 4 厘米，置于阳台上阳光充足处。芍药喜肥，每年需在春季展叶现蕾、花后及入秋长芍芽时施追肥。生长期间尤其现蕾期和开花期不可缺水。每次浇水施肥后，要及时松土。侧蕾出现后应及时疏去，以便养分集中，促使顶蕾花开大而美。疏蕾时宜在晴天上午进行，操作防将花蕾旁的叶片剪伤或剪掉。花谢之后，及时剪去花梗。秋冬之际，可施一次追肥，以利来年开花。霜后，平盆土剪去枯萎的地上部分，适当浇水覆土。越冬期间盆土不过干即可。每 3 年要换盆一次。

妙用

芍药花在我国是人们传递友谊和爱情之花。园林布置常以芍药成片种植于假山石畔来点缀景色，还可在林缘或草坪中作自然式丛植或群植。盆栽芍药放置阳台、室内、大厅、会场等场合观赏。它花梗长，可作切花、插瓶、花篮的材料。芍药对空气中的氟化氢极其敏感，一旦受到侵害，即在叶片上出现斑点，可作为监测氟化氢的指示植物。芍药根是著名中药材，被称为女科之花。分为白芍、赤芍两种。赤芍为野生品种，入药以原药生用，有凉血逐淤；白芍为栽培品种，经刮皮水煮、切片、晒干而成，有补血养阴、柔肝止痛、镇痉、通经、解毒之功效。花和根可食；种子榨油供制肥皂和掺和油漆作涂料用；根和叶可提制烤胶，作土农药。

63. 独特仙花——琼花

简介

琼花，别名：聚八仙花、蝴蝶花、木绣球。琼花叶对生，卵形或椭圆形，边缘有细齿，背面疏生柔毛，侧脉 5 ~ 6 对。花朵排出聚伞花序，呈扁球形，周围是白色大型不孕花，中部是可孕花。一般为 8 朵，每年 5 月初开花，故称聚八仙。核果椭圆形，先红后黑。果期为 10 ~ 11 月。原产于我国，生于海拔 800 ~ 2 200 米丘陵山区半阴坡林下、林缘或灌丛中，及山谷、山沟等处。唐朝已有栽培。产于江苏省南部、浙江、安徽西部、江西北部、湖南南部及湖北西部。同属中观赏价值高的种类很多，常见栽培的有木绣球、天目琼花、蝴蝶绣球等。琼花为暖温带半阴性树种，较耐寒。对土壤要求不严，能适应一般土壤，宜植于湿润肥沃中性或微酸性土壤。生长强健，萌芽力强，比较耐粗放管养。种子有隔年发芽习性。

养诀

琼花多用播种繁殖。播前需进行处理。11 月采种后，去除果肉洗净，45℃温水浸种 24 小时后，5%高锰酸钾溶液消毒 3 小时，与 3 倍湿沙混合，装袋封口置 25℃环境中 30 天，再放置 0 ～ 5℃低温下处理 60 天。于翌年 3 月室内盆播，覆土略厚，上盖草。6 月种子发芽出土后，揭草遮阴。苗期加强管理。9 月拆除荫棚，留床 1 年，夏季仍庇荫。第三年春季，选环境适宜培养大苗。对于不结实的木绣球、蝴蝶绣球等常用扦插、压条和分株繁殖。扦插繁殖于 5 ～ 6 月，选健壮的半成熟枝，长 7 ～ 10 厘米，基部带节扦插，插后遮阴，保持湿润，约 1 个月后发根。压条繁殖：在春季萌芽前将上年枝压埋土中，待枝条抽出 4 ～ 5 节时施薄肥，翌年 2 ～ 3 月将其与母株分离，带土分栽。成活后加强肥水管理。根据琼花于每年盛夏花谢后进行新的花芽分化，翌年早春 3 月孕育花蕾的习性，在花后剪掉残花时，应结合对所有枝条进行短截，以防止着花部位逐年上移，而造成植株下部中空裸露。短截后隐芽刚萌动时及时抹掉，避免消耗营养，扰乱树形。对多年衰老植株，应重剪，除保留 50 厘米左右的粗壮主枝外，将树冠全部剪掉，用隐芽萌发后新长出的徒长枝来更新老树。此外，冬季施基肥，早春花前追施复合液肥 1 ～ 2 次，后期增施磷、钾肥，以促进多孕蕾，孕壮蕾，

使之花开繁茂；盛夏应适时浇水、松土除草，及时防治蚜虫、刺蛾等虫害发生。

妙用

琼花常作为园林栽培，为花篱、花坛的好材料。适宜堂前、亭际、墙下窗外和后庭、公园入口处栽植；也可孤植于草坪及空旷地段，使其四面开展，体现树姿之优美；或作为大型花坛的中心树。将它丛植或片植，与美丽山石配植一起，花时似白雪皑皑，果期如火如荼。还可盆栽、插花供观赏。花、果、枝、叶、根均可入药，具有通经络、解毒止痒功效。民间用花治疟疾，根治咽喉溃烂，外用治皮肤痒症。

64. 似花非花——垂柳

简介

垂柳，别名：水柳、柳树、倒杨柳、清明柳、垂枝柳、垂阳柳。垂柳主产于我国长江流域南北，西南地区分布较广，北方广泛栽培。垂直分布在海拔 1 300 米以下。江湖沿岸常见为垂柳、旱柳、河柳、紫柳（或杞柳）等。其高可达 18 米。树冠呈倒卵形，树皮褐色。小枝细长，通常下垂。雌雄异株，雄花序长于雌花序，雄株枝条粗大，花芽大，发芽早雌株 3 ～ 5 天。蒴果，种子基部具有白色丝状毛(柳絮)。花期 3 ～ 4 月；果期 4 ～ 5 月。全世界柳属约 350 种，我国近 200 种。同属常见植物有金枝垂白柳及国外的卷叶柳、曲枝柳、金枝柳等变种。性喜光，不耐阴，耐水湿，耐水淹，短期水淹至顶不会死亡，树干在水中能生出大量不定根，也耐干旱。高燥地及石灰性土壤也能适应，盐碱废地也能生长，过于干旱或土质过于黏重生长差。喜肥沃湿润及潮湿深厚酸性及中性土壤。较耐寒，但不及旱柳，发芽早，落叶迟，江南一带

早春2月下旬已发芽，12月下旬才落叶。生长快，萌芽更新能力强，根系发达，耐移植，耐修剪，多虫害，寿命短，抗潮性较弱。抗风能力很强，风大而不折。管理粗放，生命力强。

养诀

垂柳用扦插、播种和压条均可繁殖。种子小，采集、储藏不易，且极易失去发芽能力，多用扦插法繁殖，扦插繁殖极易成活。于萌动前取1～2年生、粗1厘米以上健壮枝的中间部分，长约16厘米。出芽后，选留生长旺盛的主芽1个，培养主干，其余的芽全部除去。城乡园林、小区绿化，应选雄株，避免雌株在春天产生大量柳飞絮，不利于环卫。宜在早春萌动前栽植。栽后立支柱，及时浇水、松土、除草、疏枝；对年老生长衰退的，可截干更新。垂柳虫害多，主要有柳金花虫，可人工捕杀；或用90%敌百虫500～600倍液毒杀；成片林用杀虫烟雾剂毒杀。柳干木蠹蛾，新鲜虫孔注入敌百虫100倍液，黄泥堵塞；树干刷白涂剂，防成虫产卵。柳毒蛾，灯光诱杀成虫；发生时喷50%杀螟松800～1 000倍液。病害有柳锈病，严重危害幼苗、幼树，及时防治。

妙用

垂柳是绿化环境的首选树种。最适于河岸、湖边列植。江南园林中，常与桃树间植，夏季与荷花、睡莲互为置景。柳喜湿，植于水滨、池畔、桥头、堤岸和渠道，有固堤护岸，防风等作用。此外，垂柳对有毒气体抗性较强，抗烟尘，并能吸收二氧化硫，适于厂矿绿化，也是江南水网地区、平原及河滩地重要速生用材树种。其材色白、韧性大，且不变形，可作建筑、农具材料或用于雕刻；柳条去皮可编织工艺品。嫩芽为佳蔬，凉拌、炒食皆可。枝叶、花果、根皮入药，有清热解毒、通淋止痛、祛风等功效。柳枝含鞣酸、水杨酸、碘等，有杀菌，收敛、利胆、止痛；鲜叶嫩芽治阴虚发热、解丹毒止痛、风湿筋骨痛；花、果实治吐血、咯血、肿痛、逐脓血；根皮治烫火伤，痈疽肿痛。

65. 沙漠英雄花——仙人掌

简介

仙人掌，别名：仙人扇、神仙掌、观音掌、月月掌、龙舌、火焰、火掌、仙桃、玉芙蓉等。仙人掌原产于美洲、非洲热带地区。分布从海岸到高原，海拔纵深4 900米。因适应不同的生存条件，长成形态各异的外形。我国分布于海南、云南、广东、广西、福建、四川、贵州等地。其茎直立，老茎下部近木质化，茎扁平，绿色，散生小瘤体，小瘤体上簇生黄褐色锐刺。花单生于近分枝顶端的小瘤体上，鲜黄、红等色，因品种不同而异。仙人掌科植物中，根据其外形分为麒麟木类、团扁仙人掌类、节段型仙人掌类、叶型森林性仙人掌、叶型疣状仙人掌类及柱形仙人掌等类。全世界 2 000 多个不同品种，墨西哥所产占 50％以上，其中有 200 多种为特有的，素有“仙人掌王国”的美誉。常见的品种有：仙人掌、仙人球、仙人鞭、仙人棒、仙人山。本属有黄毛掌、白毛掌、锁链掌等种供观赏。仙人掌类植物生命力强，适应性广，性强健，喜日照充足、温暖的环境，冬季不耐低湿，最耐干旱，耐贫瘠，畏积涝，易繁殖，根系发达，好莳养，在排水良好的砂质壤土中生长旺盛。生长慢，冬季为休眠期（11 月至翌年 3 月），再生能力强，寿命长，可达 500 年以上。

王远提供

养诀

可用扦插、嫁接、分株与播种法繁殖。以扦插繁殖为主，温室中四季均可进行。一般冬插不宜，春插最好，百插百活。从母株生长良好茎上切 1 ～ 2 节，放半阴通风处数天，待切口干燥，皮层略向内收缩，插入沙土中，扦插繁殖深度以不致倒伏为度。一周后才可浇水，一般 20 天即生根。盆栽宜春季气温 14℃以上时为宜，盆土多用腐叶土加少量有机肥和粗沙，或 80%的沙粒和 20%腐殖土配制。采用大小刚能容纳植株，略有空隙的陶瓦盆，盆底垫碎瓦片、石砾等，以利排水。栽后不浇水，置阴凉处，每 2 ～ 3 天向植株上喷水一次，待 1 个月新根长出再浇水肥。生长期常浇水，盆土宜见干见湿，并用腐熟后稀薄饼肥水追肥 2 ～ 3 次。并注意通风。秋季逐减少浇水。冬季休眠期一般不浇水。多晒太阳，保持盆土干燥。入冬后移置室内，温度不低于 4℃，就可安全越冬。每两年翻盆一次。春、秋季均可。干燥炎热时要防止红蜘蛛、介壳虫为害及炭疽病、软腐病等的发生。仙人掌无需修剪，只要将烂根、染病的部分及时剪掉即可。

妙用

仙人掌在我国南方的福建、广东等地一些农家爱用种它做篱笆，或种在住宅围墙顶上，制造不易逾越的障碍，或种植于田园四周，防止人畜践踏。仙人掌新鲜嫩茎去刺后，可加工成各种美味佳肴，用做凉拌，清爽适口。是消暑解热佳品。经发酵加工可制饮料，又是炼糖、酿酒、制蜜饯、果酱和清凉剂的原料。现代药理学研究认为：其花有清热润肺，安神定志功效，治疗肺结核，支气管炎，颈淋巴结核，心慌不宁等病症；茎叶能行气活血，清热解毒。新鲜仙人掌去刺捣烂，可敷治腮腺炎、乳腺炎和疖疮肿痛；捣汁外搽，可治火烫创伤，煎服可治胃痛。仙人掌的纤维质，可织粗布和编织工艺品，干枯后作燃料，或代替木材盖茅屋。

66. 妩媚多姿——樱花

简介

樱花，别名：毛樱花、山樱花、福岛樱、青肤樱、冬海棠、荆桃、山樱桃等。樱花树皮光滑，紫褐色。叶卵形、倒卵形至椭圆形，叶面浓绿有光泽。花两性，白色或粉红色，单瓣或重瓣，3～5朵呈伞房状或伞形总状花序。花期4～5月，花、叶同时开放。核果球形，果熟期7月。主产于我国华南、长江流域、华北、东北，野生于山沟、溪旁的杂丛中，日本、朝鲜也有分布。全世界有50多个野生樱花原生种，我国约占38个。常见变种和品种有：重瓣白樱花、重瓣红樱花、红白樱花、垂枝樱花、瑰丽樱花、山樱花、毛樱花、日本晚樱花等。性喜光和夏季高温、湿润的环境，适应性较广，耐旱，有一定的耐寒力。喜深厚肥沃、排水良好微酸性和中性砂质土壤，碱性土、黏重土均不适宜。根系较浅，不耐盐碱、水湿，

对烟尘、有害气体及海潮风的抵抗力弱，枝干和根部受伤后易腐烂干枯。移栽易成活，寿命较长。

养诀

主要用嫁接法繁殖，分芽接和枝接繁殖。多行地栽。砧木用樱桃、大山樱、桃、杏等实生苗。若以樱桃作砧木，采种后，去肉洗净，用湿沙层积，忌阴干，待秋季或翌春播种，壮苗秋季便可作芽接砧木。接穗选取生长健壮的 1 年生枝条的中、下段，长 5 ~ 6 厘米，于 8 月下旬芽接。芽接繁殖成活后，不剪枝梢，待次年早春萌芽前，离接芽上端 2 厘米处剪去砧木，促使接芽萌发生长。枝接繁殖用切接或劈接，3 月份萌芽前进行。用切接法繁殖成活率高。种植、移栽于春季萌芽前或晚秋进行。花期怕风，植地选背风向阳的山沟、溪旁及混杂林中。植穴大小应比一般树种稍大，穴内施基肥。裸根或带土球。如从山野挖回树蔸移栽，除注意重剪，还应按原向阳面的朝向栽植，才能生长好。日常管理较简易。生长期常保持土壤疏松湿润，常喷叶面水，尤其旱季应多喷水；成年树每年或隔年于秋季在树周开深 30 厘米，宽 20 厘米沟，施一次腐熟有机肥，施后浇透水；除幼树适当修剪外，大树一般不用修剪整形，以保持自然树形尤好；为害樱花树叶的害虫主要有蚜虫，可喷 800 ~ 1 000 倍 40%乐果或 80%敌敌畏乳油毒杀若虫或成虫，注意保护和

利用食蚜虻等害虫天敌；另红蜘蛛，于花前或花后喷 800 ～ 1 000 倍 40%三氯杀螨醇或 0.3 ～ 0.5 波美度的石硫合剂。

妙用

樱花在园林中宜孤植于草地，或 3 ～ 5 株丛植于绿地中，形成团花似锦的场面，最宜成片群植，或植于有缓坡而低处有湖池水体的地点，如水滨、溪流之畔、湖边。樱花还是一种良好的切花，花枝插瓶观赏，可保持近半月之久，也可盆栽，还可食用、药用。樱花可制风味独特的佳肴，果实可生食或制罐头，叶在日本很受欢迎的食品包装材料；叶和核仁可入药；树皮煎汁可解食鱼中毒，煅成炭，可解酒；木材可供家具、漆器、图版、雕刻等工艺用材。此外，樱花具有吸收空气中的汞蒸气能力。

67. 天下第一藤——紫藤花

简介

紫藤花，别名：藤萝、朱藤、藤花、绞藤、葛藤、黄环、招豆藤、紫金藤等。紫藤花奇数羽状复叶，互生，小叶 7 ～ 13 枚，卵形或卵状披针形，先端渐尖，基部圆形或宽楔形，幼时两面有白色疏绒毛。总状花序侧生，下垂，长 15 ～ 30 厘米。花大，萼钟状，疏生绒毛；花冠紫色或深紫色。荚果扁，长刀形，密生黄色绒毛，种子扁圆形。花期 3 ～ 5 月，果期 9 ～ 10 月。原产于我国南北各地，散生于海拔 1 200 米以下低山丘陵地带的向阳坡、林缘、溪边、旷地或灌丛中。我国古藤资源极为丰富，各地名胜古迹及江苏省宜兴梅园等地都有成片的紫藤林。常见到百年以上古藤，有长寿藤、天下第一藤的美誉。还有白玉藤、三尺藤、本红玉藤、白花紫藤、重瓣紫藤、粉花紫藤等栽培品种。国外有荷兰半花紫藤、日本夏

藤和美国藤著名的变种。紫藤为暖湿带和温带的藤本植物，对气候的适应性很强，喜光、耐寒、耐旱、耐阴，但需要强光照射和露水滋润才能生长良好。北方以种植背风向阳处为好。对土壤要求不严，适宜栽种湿润、肥沃、疏松、透气、深厚、排水良好的轻质壤土或砂质壤土。也有一定耐瘠薄和水浸能力，在微碱性土中也可生长良好。速生，萌蘖性、萌芽性均强，耐修剪；深根型，主根发达，侧根少，不耐移植，对病虫害抗性强，寿命长。

养诀

以播种、扦插、分株、嫁接、压条等法繁殖。播种繁殖：10 ～ 11 月采种后晒干储藏，翌年早春 60℃温水浸种 1 ～ 2 日，种子膨胀后，点播于土中，株行距（10 ～ 18）厘米 ×（30 ～ 50）厘米，1 个月左右出苗。其侧根少，不耐移植，需培育 2 ～ 3 年，才能定植。扦插繁殖：秋季落叶后，选当年生健壮枝条 15 厘米左右，带踵扦插。嫁接繁殖：春季萌芽前进行，选 3 年生普通品种作砧木，取优良品种 2 年生健壮带 2 个芽的枝条作接穗，进行枝接。嫁接法多创作盆景和桩景，常用优良品种作接穗，接在粗壮的根上，可获得矮壮老拙的开花植株。压条：秋季落叶选健壮长枝，在压条处削点皮，将枝条压伏于地面，覆细土，常浇水保持湿润，待充分发根后，与母株切断分离可种植。分株繁殖：于落叶后萌芽前进行，选 2 年生土中萌发的蘖条，连土带根挖起来，栽于露地或花盆中即可。它直根性强，移植宜多带侧根，并带土球。植穴多施有机肥作基肥。于早春定植。植前先搭棚架，制架材料要坚固、耐火，常用水泥柱、石柱或钢管铁架等，外涂成绿色。植后将粗枝分别系在架上，使其沿架攀缘，并浇透水，成活后可少浇水。日常管理简便，生长期一般追肥 2 ～ 3 次，应适当多施钾肥。春季对枝条适当短剪，保留花芽，剪除弱枝及过密枝，短截长枝；秋季摘心，剪掉徒长枝、细弱枝和病虫害枝，以促进花芽的形成，并人工引导，使藤架上的枝条分布合理；冬前结合施肥浇冷冻水，以利来年长势好。日常莳养注意防治红蜘蛛、蚜虫、豆天蛾、金龟子等虫害。

妙用

紫藤为垂直绿化的良好材料，可设大型棚架，使其攀附生长，也可倚墙栽植，使枝干横卧墙头，花叶半掩墙面，起到净化空气和美化环境的作用。尤对二氧化硫、氯气、氟化氢及铬有较强的抗性，是一种理想的环保树种。花可食，其食用价值很高，常吃能润肤增白。其鲜花含芳香油，可提浸膏，用作调香原料。茎皮纤维洁白而有光泽，可制人造棉，又是麻纺的优良原料，可织物，绑扎。紫藤条强韧，可编结器物。其花、茎皮、种子均可入药。花无毒、有解毒、止泻吐功效。茎皮有杀虫、止痛、祛风通络之效。根主治痛风、风湿关节炎、筋骨疼痛等症。种子可治筋骨痛，亦有防腐作用。叶和种子有毒，应在医生的指导下使用。

68. 芳香妍丽——含笑花

简介

含笑花，别名：香蕉花、含笑梅、酥瓜花、茶连木等。含笑花单叶互生，革质，椭圆形或长椭圆形。花单生于叶腋，乳黄色或乳白色，花瓣6枚，瓣边缘略带紫晕，肉质，具香蕉的浓香味。花期2～5月和9～12月。聚合蓇葖果，顶端呈鸟喙状，外有白色疣点。果熟期9月。原产我国广东、福建及广西东南部，广东北部及鼎湖山有野生分布，现长江流域广有栽培。全世界约有含笑花品种90种，我国有48种。同属植物有：云南含笑、深山含笑、野含笑、紫花含笑、四季含笑等。性喜温暖湿润气候和半阴环境。不耐寒，忌强光暴晒，怕旱，不耐瘠薄，忌涝，要求土层深厚肥沃的微酸性壤土，中性土也能适应。越冬温度宜保持在5℃以上。

养诀

可采用播种、压条、扦插、嫁接等法繁殖。播种繁殖：种子晚秋沙藏，至翌春裂口后盆播或床播。约1个月发芽后需庇荫。次年春可带土移植。扦插繁殖：于早春或6月间花谢后，取当年生健壮半木质化枝条。长10厘米左右，留2～3片叶，插于酸性沙土或草炭土中，充分浇水，搭棚庇荫保湿，约1个半月生根。嫁接繁殖：5月份选取一二年生玉兰做砧木。进行枝接，成活率高。也可用高枝压条法繁殖，7月上旬即可生根。

含笑地栽、盆栽皆宜。于春季露地带土球栽植，植穴施足基肥，穴大小以苗木根系能舒展为度，每穴1株，苗木扶正，熟土覆盖，填土满穴，浇透水。植后莳养，视墒情适量浇水、施肥，适时除草、松土、防治病虫害。盆栽于4月份上盆。盆土用园土、腐叶土、河沙、厩肥等混匀，加少量骨粉作基肥，置于庇荫处。浇水视天气变化和生长状态而定，夏季高温干燥，每天早晚各浇一次水，必要时傍晚向叶面和盆周喷水，以保持湿润。秋、冬季节，盆土微湿即可。含笑为肉质根，浇水太多，或雨后盆涝，易烂根，或病虫害，务必适量浇水。生长期间每隔2～3周施一次“矾肥水”或腐熟稀薄的饼肥水。新芽萌发前施一次基肥，开花期和秋后停止施肥。每年花谢后换盆，并剪去徒长枝和病弱枝。寒露前后移入室内越冬，置于向阳的窗台上，室温保持5℃以上即可。常见病虫害有叶枯病、煤烟病、介壳虫、樗蚕等。可以刷洗，或用20号石油乳剂或50%敌敌畏1 000倍液杀虫，以500～1 000倍多菌灵杀菌。

妙用

含笑花为著名的芳香观赏花木。常室内盆栽或配植庭院、建筑物周围、街坊绿地、草坪边缘和树丛林缘，可对植、丛植、片植。含笑花对氯气有较强抗性，适宜于有氯污染的厂矿绿化、美化。含笑花含芳香油，可窨茶，是我国制茶业的重要原料。所提取的芳香油、浸膏，其质甚优，被广泛用于食品工业，也是化妆品的主要原料和高级香精。其根、叶及花均是重要药材，具有祛淤生新的功效；

根有消炎、解毒、利尿之功，主治小便不利、泌尿系统感染、疮疖等症；叶有消炎之功，主治肺炎、支气管炎、膀胱炎、肾炎等症；花为消凉剂，主治月经不调、百日咳、胸闷、口干等症。

69. 绣锦夺目——蜀葵花

简介

蜀葵花，别名：端午花、一文红、熟季花、蜀其花、棋盘花、什祥锦、擀杖花、水芙蓉、饼子花、麻秆花等。蜀葵花叶大近圆形，叶柄长，中空，叶缘 5 ～ 7 浅裂，边缘具齿，表面粗糙，单叶互生。托叶为 2 ～ 3 枚，离生。腋单生或聚成顶生总状花序。花大，花色有红、黄、紫、褐、白等色。单瓣、半重至重瓣，雄蕊多数，花丝联合成筒状包围花柱，花柱线形突出于雄蕊之上。花期 5 ～ 6 月。蒴果扁球形，纵裂。种子扁平，肾形。原产我国及亚洲各地，四川最早发现，为我国传统花卉。我国主要名贵种有千叶、五心、重台、剪绒、锯口等。其适应性强，喜冷凉气候。耐寒性较强，耐半阴，在华北及宁夏地区可露地越冬。喜阳光，能耐烈日酷暑，耐干旱，不耐积水。因株高，叶、花大，抗风力差。对土壤要求不严，地栽不择肥瘠，但喜土层深厚、肥沃湿润、排水性能良好的土壤中生长。能自播繁殖，耐粗放管理。

王远提供

养诀

可播种繁殖，也可分株、扦插繁殖。单瓣品种结实，多用播种法繁殖；复瓣品种不结实或种子发育不良，多用扦插和分株法繁殖。播种繁殖：南方秋播为好，北方宜春播。种子成熟后即播。不耐移栽，宜直播或用营养钵育苗，约 1 周后发芽。种子发芽力可保持 4 年。播种苗生长 2 ～ 3

年即衰退，故作2年生栽培。分株繁殖：于秋季挖起多年生植株、将根基抽生的嫩枝带根分割，另行栽植即可。扦插繁殖：于秋季取茎部萌发的长枝作插穗，长约8厘米，插于沙床或盆土中，置于遮阴处养护，直至生根后可移栽。幼苗生长期，追施2～3次以氮肥为主的液肥，注意除草、松土，防积水，以利植株生长健壮。叶腋形成花芽后，追施磷、钾肥。花期应供足水分，并立支架防倒伏。花后距根茎15厘米处剪断，又可萌发新株。盆栽应早春上盆，保留独本开花。成熟种子易散落，应即采。栽植3～4年，植株易衰老，应及时更新。常见病虫害有炭疽病、灰斑病、蚜虫、蓟马等，注意防治。

妙用

蜀葵植株高大，花色丰富，在建筑绿化中占有重要的地位，尤在居民小区等建筑群中列植或丛植，不仅成本低，见效快。蜀葵花对空气中的二氧化硫、氯化氢等有毒气体有较强的抵抗能力。蜀葵嫩苗、嫩叶和花可食，味道鲜美，但其性寒、滑，不可长期食用。其花瓣含花青素，易溶解于热水和酒精，可做饮料及点心的着色剂；茎皮富含优质纤维，可做绳索、造纸原料；种子可榨油。全株可入药。花有和血润燥、解毒散结、利二便之功，主治妇女赤白带下，脐腹冷痛等疾；根有清热凉血、利尿排脓之功，用于治疗血崩吐血、白带增多、肠痈等症；子有利尿通淋之功，用于水肿、大小便不畅及催生。蜀葵苗可疗小便出血及小儿口疮。全株捣烂或煎水外用，能治疮疡、烧伤、烫伤。

70. 似锦如霞——蔷薇花

简介

蔷薇花，别名：墙蘼、刺玫、山棘、玉鸡苗、营实、野蔷薇、买笑花等。蔷薇花羽状复叶，小叶5～11枚，倒卵形至椭圆形，边缘具锐齿。4～6月开花，花数朵密集成圆锥状伞房花序，白色或粉红色，单瓣、半重瓣和重瓣，有清香。果近球形，10～11月成熟。原产我国华北及长江流域，生于海拔500～2 300米的山地灌木或沟谷林缘或溪边、路旁。在喜马拉雅山脉东部仍有成片的野生蔷薇。全世界蔷薇属植物约150种，我国有60种，是世界蔷薇植物的分布中心。优秀品种包括：粉团蔷薇、荷花蔷薇、七姐妹、黄蔷薇及红枝蔷薇，光叶蔷薇、香水蔷薇、白玉棠等品种。朝鲜、日本也有分布。蔷薇性耐寒、耐旱，喜阳但也略耐阴；适宜生长在背风向阳、通风，排水良好的中性砂壤土；好肥但耐贫瘠，忌水渍。适应性广，生长强健，萌蘖力强，耐修剪，抗污染，寿命长。

养诀

采用播种、扦插、压条、分株法繁殖，极易成活。播种繁殖：于 11 月采种，秋播或沙藏后翌年春播。播种深度 2 ～ 3 厘米。土厚 1 厘米，上盖塑料薄膜。播后 1 ～ 2 个月发芽。幼苗出土整齐，间出过密与弱苗。扦插繁殖：一年四季都可进行，夏插需搭棚遮阴，冬插应盖草防冻，9 ～ 10 月扦插成活率最高。取生长健壮当年生成熟枝作插穗，长 10 ～ 20 厘米。插后常保持土壤湿润。压条繁殖：于初春至初夏进行。选 2 年生枝，入土部位刀刻伤，以提高发根力。分株繁殖：常结合移植时，将根状茎分蘖出的根条与母株割断挖出移植，较易成活。移植时除高温干旱期外，全年都可进行，裸根或带宿土都能成活。植穴施足基肥，每穴栽 2 ～ 3 株，揿实盖土，浇透水。生长期适时追肥 2 ～ 3 次，夏季注意防积水，入冬前浇足冻水。冬季修剪枯枝、密枝，控制枝干发展，以保持株形。主要病害有白粉病和黑斑病，可用 70% 甲基托布津可湿性粉剂 1 000 倍液喷洒。虫害有蚜虫、刺蛾为害，用 10% 除虫精乳油 2 000 倍液喷杀。

妙用

蔷薇花在我国是喜庆、吉祥之花，是代表爱情的花。它是庭院的垂直绿化材料，多作花柱、花门、花谷、花架、花篱，以及基础种植。还可盆栽、切花瓶

插，布置居室。野蔷薇花可入药，中医称“白残花”，有消暑、解渴、止血之效，用于疟疾、伤暑、食欲不振、外伤出血等症。根能活血通络、收敛，可治关节炎、小便失禁及白带、月经不调等症；果，中药称为营实，有利尿、通经之效，对水肿、脚气等有一定疗效；花可提取芳香油、香精，是制造香水及其他化妆品的原料。且其花香具松弛神经，减轻精神紧张，解除身心疲劳作用，还对结核菌、肺炎球菌、葡萄球菌的生长繁殖有明显抑制作用。

71. 茶族皇后——金花茶

简介

金花茶，别名：金茶花、黄茶花。金花茶单叶互生，革质，狭长圆形、倒卵状长圆形或披针形，先端尖尾状，缘具锯齿，表面侧脉显著下凹，有 6 ～ 11 对；花两性，花瓣 8 ～ 13 枚，金黄花，肉质，具蜡质光泽，1 ～ 3 朵腋生，苞片 5 枚，革质黄绿色，宿存；雄蕊多数，成 4 轮排列，与花瓣连生，金黄色，丁字形着生；蒴果三棱或四棱状扁球形，端凹，无毛。花期 11 月至次年 3 月；10 ～ 11 月果熟。原产于我国广西东兴县、邕宁县一带，生于暖热地带低海拔 300 米以下谷溪旁常绿阔叶林下。现已知的金花茶植物有 24 种 5 变种，其中除产于越南北部的五室金花茶、黄花茶和产于我国云南河口的簇蕊金花茶，其余 21 种 5 变种均产于我国广西南部和西南部。同属种类有显脉金花茶、东兴金花茶、平果金花茶、毛瓣金花茶，均为珍贵的稀有植物，列为国家二级保护植物。性喜温、好湿、耐阴、忌强光照射的阴性树种。喜排水良好的酸性土壤及半阴环境。分布区气候特点：太阳辐射较强，日照较充足，气温高，雨量多，湿度大；夏长而热，冬短而暖，无霜期长，冰雪罕见；秋季温度高于春季，季风显著，干湿分明，雨量多集中于夏季。年平均气温 20.6 ～ 22.4 ℃，最低月平均气温 11.8 ～ 14.5 ℃，最热月平均气温 27.1 ～ 28.5 ℃，

极端最低气温 -2.1℃，极端最高气温 35.3 ~ 38.9℃，相对湿度 78% ~ 82%，土壤为砂岩、真岩风化发育而成的砖红壤、红壤。金花茶为深根性树种，主根发达，侧根和须根很少。萌发力强，可以萌芽更新。其幼苗期每年于春、夏、秋三季抽梢长叶；壮龄树每年发新梢 2 次，嫩叶紫红色；7 ~ 8 月现蕾，11 月开花，次年 4 月终花，每朵花开放约 10 天；10 ~ 11 月果熟。在自然条件下，温度在 10℃以上，湿度适宜，种子落地后，较易发芽。

养诀

用播种、扦插、嫁接、高压及组织培养等方法繁殖。播种繁殖：果熟种子无休眠期，采后切忌日晒，置于通风处阴干，待开裂取出种子，立即播种。播前用 0.5%高锰酸钾消毒 20 ~ 30 分钟，再用 35℃温水浸种 1 ~ 2 天。以秋季点播为宜，株行距 10 厘米 ×30 厘米，覆土厚 3 ~ 4 厘米，常保持土壤湿润。若未能秋播，用含水量 5%粗河沙分层埋藏，待翌春播种育苗。种子发芽出土后，搭简易荫棚，透光度 20% ~ 30%，入冬棚上盖稻草，防霜害。苗期加强莳养，1 年生苗高可达 15 ~ 25 厘米，次年春即可出圃种植。扦插繁殖：一年四季都可行，以 6 月份进行为好。插穗选取树冠外部组织充实、叶片完整、叶芽饱满和无病虫害、当年刚木质化的枝。穗长 15 厘米左右，先端留 2 叶片，基部带踵。用萘乙酸 300 毫克 / 千克溶液浸泡 12 ~ 16 小时，按株行距（10 ~ 14）厘米 ×（3 ~ 4）厘米，直插苗床，入土为插穗长度 2/3。育苗期保持湿润、勤喷水，切忌阳光直射，气温 25℃左右。1 个月后，待新根长出后，逐步增加光照，并淋施 0.1% ~ 0.5%稀薄尿素水溶液，培育 2 ~ 3 个月移入营养杯中莳养，1 ~ 2 年后可上山定植。嫁接繁殖：分芽苗砧嫁接和半熟枝嫁接。均以 5 ~ 6 月嫁接为适宜。前者砧木选单瓣山茶花和油茶花，幼苗 4 ~ 5 厘米，采用劈接法嫁接；后者利用粗种山茶或油茶成年苗直径 1 厘米以上作砧木，采用拉皮接；砧木粗度与接穗相近，

则采用腹接法。接后加强抚育，可获得成活率高、苗壮的嫁接苗。高压繁殖：于5～6月梅雨季节，选母树1～2年生刚木质化的健壮枝条进行。

金花茶地栽、盆栽皆宜。盆栽以选瓦盆或陶质泥盆为好。盆土用腐殖的酸性砂质壤土和15%的腐熟饼肥拌匀，加少量过磷酸钙等无机肥料。于秋末或早春带宿根土团移栽，浇足定根水，置荫棚内，透光度为40%～50%。生长期常保持盆土稍偏湿润为好，1～2月后施一次1%尿素加0.5%的磷酸二氢钾水肥，冬季低温注意防霜冻。每隔2～3年换盆一次，在培养土中加些腐殖的有肌肥或复合肥作基肥。以后可每隔3～6年换盆一次。金花茶主要病虫害有炭疽病、赤叶枯病、藻斑病、白绢病、蚜虫、介壳虫、木蠹蛾、赤鼻虫等。应加强防治。

妙用

金花茶既是茶又是药，既能保健又可治病。李时珍的《本草纲目》就有记载。叶具有清热解毒，明目益思，利尿去湿等功能。近年来，医学专家发现，叶中含有锗、硒、钼、锰、锌等多种微量元素，其中锗和硒在植物中是少有的。于是认为它在抑制肿瘤生长，抗衰老、增强智力、保护心脏等方面具有特殊功能；当地民间有“常饮金花茶，健康又长寿”之说。叶煮出的茶，不仅颜色淡黄清亮，口感清纯，且自然存数天仍不变色、不变味。其木材质地坚硬，结构致密，可雕刻精美的工艺品及其他器具。种子可榨油、食用或工业上用作润滑油及其他溶剂的原料。花可提取黄色食用色素，还可制作黄色染料。

72. 洋兰之王——卡特兰

简介

卡特兰，别名：特丽亚兰、多花布袋兰、卡特利亚兰、嘉德丽亚兰。卡特兰具假鳞茎，呈棒状或纺锤形，直立，长20厘米左右，假鲜茎的顶端着生1～2枚革质肥厚叶片。花单朵或数朵，着生于假鳞茎顶端，大而鲜艳，有白、红、绿、黄、复色及各种过渡色；花萼与花瓣相似，唇瓣3裂，基部包围雄蕊下方，裂片伸展而显著。一年四季都有不同品种开花，每株一年只开一次花。原产于美洲热带、亚热带地区，从墨西哥到巴西均有分布，其中哥伦比亚和巴西野生最多。常野生于热带高温多湿附生于丛林中的树上或岩石周围。全世界卡特兰有60多个原生种。种间、属间经人工杂交多达数千个之多。分成两组：一组假鳞茎呈棍棒状，上面生有1枚叶片；另一组假鳞茎呈圆柱状，有2枚叶片。同属种类有两色卡特兰、橙黄卡特兰和大花卡特兰等。喜温暖湿润、空气流通、半阴的环境，不耐寒，忌干旱和强光直射。生长适温为25～30℃，冬季温度不低于15℃，温度10℃时，花期推迟，5℃出现寒害，日夜温差不宜超过10℃以上，生长期需较高空气湿度，四季应保持在80%以上，夏季应遮光60%～80%，冬春应遮光50%，宜疏松、肥沃、透气和排水良好的泥炭土。春、夏、秋三季是卡特兰的生长期，此时要求较高的空气湿度和充沛的水分；冬季处于相对休眠期，此时正是花芽生长发育的时期，应给予充足的光照。

养诀

卡特兰的繁育主要采用分株与组织培养法。分株繁殖一般3～4年分株1次，于新芽刚萌发或开花后休眠芽萌芽前进行。将基部鳞茎切开，每丛至少2～3个假鳞茎，并带有新芽。分出的根经消毒，稍晾干再栽植，置于半阴、潮湿、温暖处。此时只向叶面喷水，根部不能浇水，也不需要施肥，待新根长出2～3厘米时才开始浇水施肥。此法虽常用，但繁殖率低。组织培养繁殖：用成苗新芽作外植体诱导，经初代培养、继代培养、壮苗培养及组培苗的出瓶种植等过程。组培苗需经过3.5～4年的时间才可以开花。此法繁殖率高、繁殖速度快，是目前卡特兰大规模工厂化生产的主要办法。盆栽卡特兰，常用蕨根、苔藓、树皮根、泥炭、多孔的陶粒、椰壳块等作基质。上述材料都要浸水后才能使用。盆钵应选用多孔的塑料盆或四壁多孔的瓦盆。盆底先垫一层约占容器1/3的碎砖粒、粗木炭粒，上填2份蕨根、1份泥炭苔藓的混合植材，将兰株栽入盆中，芽朝盆沿，根系舒展，再将植材填实，置于半阴处，以遮去60%的阳光为宜。春、夏、秋季为生长季节，需要充足水分和较高空气湿度，切不可干燥。冬季处于休眠期，也正是花芽发育期，要求高温多湿。夏季注意通风和遮阴，以免发生腐烂病。同时卡特兰具有趋光性，不要随意转换花盆的方向，苗期施肥宜“少量勤施”淡肥，生长旺季每隔半月施一次充分腐熟的稀饼肥水。到达花龄的植株在花芽分化前应当多施磷、钾肥。施肥时避免肥液玷污叶面和嫩芽。冬季将盆移到向阳窗台接受阳光直射。栽培

2～3年，及时换盆或分株繁殖。卡特兰易患细菌性软腐病，养护时应特别注意通风透光，发病后及时销毁病株，并用500～1 000倍敌克松液浇灌病株周围土壤。虫害主要是介壳虫，用50%氧化乐果乳剂1 000倍液喷杀，每周喷雾一次，连续喷3～4次。

妙用

卡特兰被世界公认为“洋兰之王”，也是当今室内高档观赏花卉。是珍贵的盆栽品种，又是重要的高档切花，常出现在舞台和宴会上，还可作为迎宾和喜庆新婚的高级装饰礼花。公司开业、商店开张，送上花篮或盆兰，寓意“吉祥、大业千秋、招财进宝、生意兴隆”。选购卡特兰的标准与其他洋兰一样，尽量选择刚开花的植株，若选择花蕾多的植株，会由于温度变化花蕾变黄、脱落或僵蕾，达不到观赏目的。

73. 东方文明的使者——桑

简介

桑，别名：桑树、家桑、白桑、桑白皮、黄桑、荆桑、桑葚树。桑单叶互生，卵形，纸质，萌条枝之叶大，先端尖基部近心形，叶缘具粗钝锯齿，上面鲜绿色，下面沿叶脉疏生毛，掌状3～5出脉。单性花，雌雄异株，腋生假穗状花序，雄花序柔荑状下垂，雌花序不下垂。花绿色，具缘毛，子房圆柱形，柱头2裂。聚花果圆筒形，熟时白、紫、黑色，种子小，黑色。花期4～5月，果实5～7月成熟。原产我国中部地区及北部，分布在海拔1 200米以下低山丘陵及平原地带。现南北各地广泛栽培，尤以长江中下游各地为多。我国是世界桑树生产发源国，也是桑树的起源中心。该同属植物主要有：鸡桑、山桑、华桑和蒙桑。为喜光树种，幼龄时稍耐庇荫。喜温暖湿润气候，耐寒、耐干旱瘠薄，喜水湿，但畏涝；在微酸性、中性、石灰质和盐碱土壤中能生长。以土层深厚、湿润、肥沃、排水良好之地生长最佳。深根型，根系发达，抗风力强，生长迅速，萌芽性强，耐修剪及易更新复壮。

养诀

用播种、嫁接、扦插法繁殖。播种繁殖：于5～6月果实呈紫黑色分批采收充分成熟的桑葚，置桶内揉搓，冲洗，晾干即可播种，或置于阴凉通风处密封储存，翌年春播种。春播前用45℃温水浸种。高床条播，行距25厘米，覆土0.5厘米，盖草。保持床面湿润。幼苗2～4片真叶时间苗、定苗，去弱留强，株距10～15厘米。5～6片叶时进入苗木速生期，应加强水肥管理。当年即可育成壮苗。嫁接繁殖：以1年生实生苗为砧木，从优良母株选取粗约1厘米无病害、1年生的枝条为接穗，于嫁接前20天左右，芽尚未萌动时采集，沙藏于室内阴凉处，于3月下旬至5月中旬用袋接法或芽接法进行嫁接。接时要掌握剪砧木、削接穗、插接穗和壅土4个环节，做到随削随接随壅土，才能成活率高。扦插繁殖：在休眠期采集1年生木质或半木质化枝条，剪成15厘米的插穗，上下端削成斜面，于春季直插或斜插于土中，踏实、盖土、遮阴、保持土壤湿润。

移植于春、秋两季进行，以秋季为好。供园林绿化用的苗要进行修枝、抹芽，促使长高，并形成自然广卵形树冠。危害桑树的主要害虫中以桑天牛、桑毛虫为害较重，桑毛虫越冬幼虫以束草诱杀，敌百虫或敌敌畏1 000～1 500倍喷杀为害幼虫，点灯诱杀成虫。

妙用

桑树宜作观赏树，庭荫树，也是秋色叶树种，用作行道树；可孤植于草坪、树坛中，庭院内。桑对二氧化硫、氯气、氯化氢、氟化氢的抗性与吸收能力均强；还具抗风、耐烟尘的特点，是城市、工矿区及农村四旁绿化、防护林树种，又是很好的蜜源树种，其花粉多，散植、丛植于绿地可诱引病虫害的天敌。桑树有着强大的储水、遏制风沙、团结土壤、保持水土的能力，是北方生态环境建设中的重要树种。桑树全身是宝，除养蚕的饲料，材质黄色坚硬，有弹性，耐腐，纹理细致，是制作乐器、家具、农具和装饰用品的良材。树皮纤维细柔，供作人造棉、人造丝及造纸原料。叶、枝、皮皆为良药；桑叶有疏风清热，清肺润燥，清肝明目，凉血止血之功；桑枝有祛风活络，通利关节，燥湿利水之功效；桑树皮又名桑白皮，有泻肺平喘、利尿、消肿的功能；桑果又称桑葚，营养丰富，含糖、果酸、果胶、矿物质及多种人体所需的氨基酸和维生素，有明显的医疗保健效果，具有滋阴补血、开胃安神、润肠通便、滋养皮肤之功。除鲜食外，桑果还可制成汁、醋、酒、酱、膏和果干等。此外桑条可编织筐篓，做食用菌的培养基，也可作薪柴使用；桑皮是制绳、造纸的原料。

74. 花开全家欢——合欢花

简介

合欢花，别名：绒花树、夜合欢、芙蓉树、含羞树、乌合树、夜合树、夜合槐、野花木等。合欢花树皮褐灰色，平滑，枝粗大稀疏，嫩枝绿色，主枝较低。叶互生，为二回偶数羽状复叶，羽片4～12对，各有小叶10～30对，表面深绿色，有光泽。花序头状，簇生叶腋或密集于小枝端呈伞房状；花丝细长呈粉红色，如绒缨状。荚果扁条形，种子扁椭圆形，内含6～12粒种子，成熟淡黄色。花期6～7月；果9～10月成熟。原产于我国，北自黄河流域，南至珠江流域均有分布，生于海拔1 800～2 500米的山林中。全世界约50种。迄今已经引种到北温带世界各国。性喜光，不耐阴，树皮薄畏暴晒，否则易开裂。不耐严寒，对土壤要求不严，壤土、砂壤土均可生长，尤在湿润肥沃的沙质土壤生长良好。耐干旱、瘠薄，怕水涝。生长迅速，枝条开展，树冠常偏斜，分枝点较低，具根瘤菌，有改良土壤功效。浅根性，生长适温13～18℃，冬季能耐-10℃低温，萌芽力不强，不耐修剪。花期长，夏季连开数月。

养诀

可扦插法繁殖，但生根较难，成活率不高。多采用播种繁殖。10月采成熟果实，晾晒脱粒，干藏于干燥通风处，以防发霉。翌年春播种，有温室可于10～11月育种。播前两周用0.5%高锰酸钾水溶液浸泡2小时，清水冲洗干净，置80℃热水浸种30秒，最长不得超过1分钟，然后20℃恒温水浸泡2小时进行降温，后用2层纱布包裹放在大盆内催芽，24小时后播种。生产上采用营养钵育苗，营养土用多年生草皮土，搭配腐熟肥料，加适量杀虫剂、杀菌剂处理。苗床宽1～1.2米，床距30～40厘米，每钵点播3～4粒，覆土1厘米，浇透水，常保湿润。2周左右发芽，苗高15厘米定苗，结合灌水施淡薄有机肥和化肥，也可叶面喷施0.2%～0.3%尿素和磷酸二氢钾混合液。为培育有观赏价值的苗木，育苗间可合理密植，及时修剪侧枝，留壮芽1个齐地截干，萌育粗壮而通直主干。栽植时，选3～4年生，胸径4～5厘米壮苗木。绿化株行距5米×6米，挖穴60厘米×60厘米，春季移植，应"随挖、随栽、随浇"。带土球，立支架，防风吹倒。秋末施足基肥，冬末剪去细弱枝、病虫枝，并对侧枝适量修剪调整，保证主干端正，树势优美。培植合欢花有三特点：怕噪声、怕风沙，多噪声处长不好；其次爱瘦瘠，瘦地长得犹如风车状，满树着花，肥地处长不好；最后爱日照、湿润，近水源才能长好，根际不能脱水，高燥处不宜种植。还应注意是否有裂片。其树干皮薄，畏暴晒，选苗注意西侧是否有裂皮现象，标明阴阳面，植时保持原始种植方向；反季节移植时不应全冠，最好进行重剪，全部侧枝短截，保留原树冠2/3或1/2，作行道树应去掉2.5米以下的枝条。植后定期松土，不能在土盆里覆盖草皮，雨季要及时排水，修剪后伤口要及时用药剂处理，注意预防溃疡病和枯萎病危害，及时捕杀天牛、尺蠖等害虫。

妙用

合欢花近年来在园林、城市、厂区绿化中得到较大规模应用。由于合欢树势中等，树叶优雅，栽植时应避免与高大观赏树混栽，适宜植于山坡间、溪流口、湖塘边、道路的弯道处。合欢对有害气体有较强的抗性，对二氧化硫、氯气、氟化氢的抗性和吸收能力都强，对臭氧、氯化氢的抗性也强，还可作为酸雨的指示植物。合欢树皮、花蕾及花、根均可入药，树皮有安神、活血、消肿、止痛，是治疗忧郁失眠的良药，还用于肺痈、疮肿等症；花、花蕾（称合欢米）有理气解郁、和络安神、养心开胃，用于治疗神志抑郁所引起的失眠、虚烦不安、胸闷不舒、胃口不佳；根可清热利湿、消积解毒。木材红褐，纹理直，结构细，经久耐用，可制家具、农具等。树皮及叶含单宁，可提制烤胶，树皮浸水还作驱虫药剂，树皮纤维可做人造棉的原料。

75. 芳香飘天涯——广玉兰

简介

广玉兰，别名：洋玉兰、荷花玉兰、大花玉兰、大山朴。广玉兰单叶，互生，厚革质，椭圆形或长倒卵状椭圆形，表面深绿色，有光泽，边缘反卷，背面有锈褐色短绒毛，全缘。花两性，单生于枝顶，形大色白，荷花状，芳香；花被片 9 ~ 12 枚，厚肉质，倒卵状；雄蕊花丝紫色，心皮多数，密生长绒毛，花期 5 ~ 7 月。聚合果圆柱形，密被褐黄色绒毛，蓇葖果卵圆形，顶端有外弯的喙。果熟时露出红色种子。果期 9 ~ 10 月。原产美洲东南部，大量分布于多瑙河流域和密西西比河一带，生于河岸的湿润环境。它们几乎与银杏、水杉、桫椤同样古老。约于 1913 年引入我国，先进入广州，故名广玉兰，现长江流域及以南各城市园林广为栽培。同属常见有狭叶广玉兰和卵叶广玉兰。为亚热带阳性树种。喜光，幼树颇耐阴，但不耐西晒，易引起树干灼伤。喜温暖湿润气候，有一定抗寒能力，能耐短时间 −19℃低温而叶部无显著损伤。适生于肥沃、湿润与排水良好的微酸性或中性土壤，在碱性土中种植易发生黄化，不耐干旱瘠薄及石灰土，以及排水不良、透气性差的黏重土。根系深而广，侧根发达，不耐水湿，忌水涝，抗风力强。愈合能力差，不耐修剪，生长速度中等，3 年之后生长逐渐加快，每年可生长 0.5 米以上。

养诀

可用播种、嫁接、压条等法繁殖。播种繁殖：8 ~ 9 月果实微裂，种子外露，及时采收，置阴处待蓇葖全裂，取出种子，清水浸泡 1 ~ 2 天，拌草木灰搓洗假种皮，除去瘪粒。种子富含油脂，不能储藏过夏。秋季应随采随播，或湿沙层积至翌年 3 月再播。苗床宜高，条播，沟深 5 厘米，沟距 20 厘米，播后覆土宜浅稍压实，盖草宜薄，保温保湿。5 月出苗后，结合除草松土，追施 3 ~ 4 次腐熟稀薄有机肥，于第二年移栽，株行距 50 厘米 ×80 厘米。苗期生长缓慢，一般 3 ~ 4 年才能出圃移植。嫁接繁殖：于 3 ~ 4 月进行。砧木常用木兰（木笔、辛夷）或白玉兰。接穗取广玉兰带有顶芽的一年生健壮枝条，粗 0.6 ~ 1 厘米，用切接法在砧木距地面 3 ~ 4 厘米处嫁接。接后培土，微露接穗顶端，促使伤口愈合。接后圃地每月至少锄草松土一次，直至 10 月份；要及时抹除砧萌芽，三五天抹一次；接穗发芽后，及时摘除侧芽，保留顶芽向上生长，形成通直主干；生长期加大肥水管理，冬季 1 月、2 月份修剪过低细弱侧枝，经 3 年精心养护，嫁接苗高一般 1.5 ~ 2 米，胸径 2 厘米左右，定干高度 1.3 ~ 1.5 米，即可出圃。压条繁殖：常用高压法于 3 ~ 4 月在健壮、花大、叶厚的壮年母树上，选 1 ~ 3 年生、1 ~ 1.5 厘米粗度的侧枝，离顶芽 15 ~ 20 厘米节的下部处进行环状剥皮，宽度应大于枝条直径（2 ~ 3 厘米），在已剥皮部位敷以培养土或青苔等保湿，塑薄膜包扎，环剥处常保湿润，经 5 ~ 6 月生根，当年 11 月剪下，植于圃地，加强管理，即可培育新株。应选避风而又气爽之地栽植。栽大树，缩短搬运时间，并疏枝、摘叶、包干、带完整土球及完好主、侧根，挖大穴，换上腐殖土，植后草绳卷干或刷白，以防日灼（北方要加强防寒防冻措施），埋三角桩，固定支撑树干。莳养中，合欢愈合能力较差，分枝有规律，一般不行修剪，若要应在夏季花谢后，叶芽开始伸展时进行，以回缩修剪下垂主枝，疏剪冠内过密枝、病虫枝。对主枝上的各级侧枝不要随意短截和疏除，以免减少开花量。此外，要巧用追肥，注意浇灌。除施足基肥外，酸性土壤应增施磷肥。花期与花后连续施 2 ～ 3 次肥。前者为催花肥，后者为复壮树体肥。8 月后不再追肥，以利越冬。北方地区 7 ～ 8 月份喷 1%硼砂液，以增强御寒能力。夏季南方高温干旱，应视天气灌溉保墒。北方除秋末冬初灌冻水外，还应花前灌溉与护根增湿以提高观赏价值。注意预防病虫害。广玉兰较少发生病虫害，偶发性主要有斑点病、白藻病及介壳虫类。应适时进行防治，清除病落叶并烧毁，每年 4 ～ 5 月喷洒波尔多液或甲基托布津等药剂。对介壳若虫期喷洒氧化乐果、敌敌畏、亚胺硫磷等任一种药剂。

妙用

广玉兰是我国长江流域、珠江流域的园林绿化和观赏常见栽培树种之一。适宜草坪上孤植，更适合在现代建筑物周围进行对植，或列植于通道两边，也可以群植作为背景树。还可与其他树种组合构成树丛，观赏效果都很好，且耐烟尘、抗风、对二氧化硫、二氧化氮、氯气、氯化氢等有害气体抗性强，并有吸收二氧化硫和汞蒸气的能力，是净化空气、美化及保护环境的良好树种，也是城市周边防风林带及工矿区的美化树种。盆栽可作为室内大型花木置放，或装饰阴面门庭。广玉兰材质致密坚实，黄白色，有光泽，抗虫耐腐，为优质用材，宜作高级家具，也可做装饰材料、运动器具及箱柜等。叶可入药，主治高血压；花含芳香油和木兰花碱，可提制浸膏，可作调制香料原料。叶、嫩梢可提取挥发油。

76. 火伞欲烧空——刺桐花

简介

刺桐花，别名：海桐、火焰花、象牙花、青桐木、山芙蓉、空桐树、鸡公树和青桐木。刺桐花总状花序腋生，花多而密，蝶形花，花萼二唇形，佛焰状暗红色；花冠鲜红色。春末夏初时先叶开放。荚果梭形，念珠状。种子暗红色，肾形，在秋季成熟。原产于亚洲热带及亚热带地区，在世界各地同纬度地区都有分布，在我国南方地区广为栽培。主要分布于福建、广东、广西、台湾、云南、湖南和浙江等地。常见栽培观赏树种有：金脉刺桐、龙牙花、鸡冠刺桐、鹦哥花。喜光，喜高温湿润气候，适应性强。耐干旱，颇耐寒，耐海潮。抗风、抗大气污染。栽培不择土壤，植于全日照或半日照、排水良好的砂质壤土上，均能生长迅速。性强健，萌发力强，生长快。枝性扩张，可行适度短截。北方盆栽，冬季室温应保持4℃以上。

养诀

刺桐以扦插繁殖为主，也可播种繁殖。扦插繁殖：可于第一次开花后取充实的当年生枝3～4节，插入壤土或蛭石中，遮阴并保持基质湿润，约3周即可生根。也可于春季结合修剪，取1年生硬枝扦插。播种繁殖：可于11月采种，翌年4～5月播种，待株高1米左右后定植。刺桐在北方进行盆栽。隔年翻盆1次，盆土以园土2份、堆肥和砻糠灰各1份混合而成。出房要重修剪。直径1厘米以下的1年生枝，仅留1～2个芽，直径1厘米以上的留2～3个芽。重剪后，可刺激隐芽和腋芽抽出强壮新梢，孕育花蕾，达到满树繁花的目的。根部的蘖枝及弱枝，要及时去除。出房后，浇透水，置光照充足处。新梢抽出后，加大浇水量，以见干见湿为原则。每隔10～15天追肥一次。花后对新梢要重剪，仅留基部30

厘米长枝条，并增施几次磷、钾肥，这样，刺桐在立秋前还可再次开花。10 月份后要停止施肥，并把它移入室内阳光充足处，保持盆土稍湿，注意预防病虫害的发生。室温 5℃以上就可安全越冬。

妙用

刺桐花是我国福建省著名侨乡泉州市的市树。它还是阿根廷的国花，是吉祥如意的象征。在园林中列植或群植均具有独特的景观效果；它能抗风防潮，为南方沿海地区绿化树种之一。刺桐不仅对多种有毒气体抗性强，而且能吸收毒气，是工厂、矿山和污染区绿化的重要树种，又是城市隔离噪音和防护林的优良林木。其木材无异味、色白质地轻软，可做茶叶箱、各种用品箱、细工用材、绝缘材料及造纸；嫩叶可食；花、皮、根可入药，花研末外敷可治金疮和止血；叶、树皮和树根有解热和利尿功效。

77. 舶来宾客——凤凰木

简介

凤凰木，别名：凤凰花、凤凰树、红花楹、火树、火焰、金凤花。凤凰木树皮灰褐色，粗糙；树干基部常具板根。枝横展，分枝多而粗壮，斜出，顶部分枝开展，为伞状。二回偶数羽状复叶，互生，有羽片 10 ～ 23 对，对生；每羽片具小叶 20 ～ 40 对，密生，细小，长椭圆形，顶端钝圆，基部偏斜，两面被绢毛，全缘，中脉明显；叶轴和羽轴具槽，密被短柔毛，小叶近无柄；托叶羽状分裂，早落。伞房或总状花序顶生和腋生，花大，五瓣萼片厚，橙红色，花瓣中有一瓣白色具有红边，瓣上有红斑点；雄蕊 10 枚，红色，离生，子房无柄，胚珠多数。荚果木质扁平，微呈镰形，黑褐色，内有种子多数，长椭圆形。花期为初夏，6 月为盛花期，亦有秋季开花的迟花品种。种子秋季成熟，常悬挂至翌年春天。原产马达加斯加及热带非洲，散生于常绿阔叶林中，为热带地区特有树种，现广为栽培。在我国它是舶来货，栖息地只有台湾、福建、广东、海南、广西、云南等省区南部一些城市，系典型热带强阳性树种。喜光，喜高温多湿气候，不耐寒，耐干旱和瘠薄，对低温、霜冻反应敏感，冬季温度不低于8℃。栽培地全日照或半日照均能适应，通常在春初落叶，春末夏初发芽，具有生长快、根系发达、枝叶浓密、抗风、抗病虫害、抗大气污染、耐烟性差。在排水良好、土质肥沃、富含有机质的微酸性砂质壤土生长旺盛。移植易活，忌种于盐碱地或长期积水的洼地。凤凰木在福建闽南一带其生育期：2月初冬芽萌发抽梢，4～7月为生长高峰期；花期较长，5月始花，6～7月盛花期；花期随纬度的增加而推迟并缩短。11～12月果熟期，挂果至翌年4月份。11月至翌年3月稀疏落叶。在风小荫蔽处也有植株部分老叶终年不掉落。植株寿命近百年。6年以上开花结果。

养诀

凤凰木用播种法易繁殖。选15年以上优良母株，于11～12月荚果呈黑褐色时采种，置于日光下暴晒数日，敲打脱粒，取净种干藏。3月下旬至4月中旬播种，播前70～80℃热水浸种，自然冷却后，继续浸泡24小时；按株行距10厘米×10厘米高床条播、覆土1～1.5厘米，上盖草，浇透水，常保持湿润，防杂草滋生。一般每亩播2万株左右苗；袋播在已备好营养土的苗床或圃地整齐排放，用直径1厘米的木棍在袋中央直插入1～2厘米的孔后放入种子，并覆土压实，浇透水适当遮阴，播种7～8天开始发芽，发芽率90%以上，20天后苗高可达10～15厘米，幼苗4～6片叶用0.3%尿素或0.3%复合液肥叶面喷施2～3次；苗高20～30厘米，按100厘米×100厘米株行距“去弱留强，去密留疏”进行间苗、补苗；6～9月结合松土除草，月施1次稀薄腐熟粪水或饼肥水，并注意抗旱、防治病虫害。

妙用

凤凰木是我国南方独具特色的珍品，是坚忍不拔，顽强奋进的象征。凤凰木适合于道路、村落、公园、花园小区河流两岸和风景区作行道树、绿荫树与园景树，宜单植、列植、群植均可。

其根瘤丰富，是改良土壤的优良树种。其花和种子皆有毒，不可误食，亦可提取抗生素，并有驱虫效果；树皮是解热剂；茎皮的萃取物，对家畜有催吐作用和中枢神经的抑制作用。木材致密，质轻而有弹性，耐腐、耐湿，有特殊黄白花纹，为良好桩木，可维持百年之久，可供做车轮、桥梁、家具、板料、火柴杆、造纸原料等；提取树脂能溶解于水，作工业原料。

78. 花中神仙——海棠

简介

海棠，别名：海棠花、梨花海棠、海红等。海棠叶互生，椭圆形至长椭圆形，先端略为渐尖，基部宽楔形或近圆形，边缘有平钝锯齿紧贴，基部有两个披针形托叶。花 5 ~ 7 朵簇生，伞形总状花序，未开时红色，开后渐变为粉红色，多为重瓣，少为单瓣花。萼片 5 枚，三角状卵形。花瓣 5 片，倒卵形，雄蕊 20 ~ 25 枚，花为黄色。梨果球状，黄绿色，先端肥厚，内含种子 4 ~ 10 粒。花期 4 ~ 5 月，果熟 9 ~ 10 月。我国是海棠的起源中心，已有 2 000 余年的栽培历史。常见的有四种，即西府海棠、垂丝海棠、贴梗海棠和木瓜海棠，皆为木本，虽都属蔷薇科的春花树种，但并非同属植物。贴梗海棠和木瓜海棠系木瓜属；西府海棠与垂丝海棠系苹果属。本种常见栽培的变种有：红海棠、白海棠。城市中常见的栽培有：垂丝海棠、湖北海棠、西府海棠等。性喜光，不耐阴，宜植于南向之地，对寒冷的气候有较强的适应性，其耐干旱力也很强。多数种类在干燥的向阳地带最宜生长，有些种类还能耐一定程度的盐碱，但以土壤深厚肥沃的微酸性至中性黏壤土中生长最盛。忌水涝，萌蘖力强。根系分布因种类不同而异。枝条生长有三种：生长枝，多见于幼树，不开花结果，主要扩大树冠；结果枝，多分布于主干或主枝中部，其顶芽圆钝饱满，每年 7 ~ 8 月分化为混合花芽，翌年春发芽开花，同时抽出 1 ～ 2 个短枝；中间枝，多分布于主干基部，生长较弱。

养诀

可采用嫁接、分株、扦插、压条及播种繁殖。嫁接法繁殖：为常用繁殖法，多选择春、秋季进行。以实生苗为砧木，接穗以 1 年生发育充实的枝条，取其中段 2 个饱满的芽。切接或（“T” 字形接法），接后壅细土盖没接穗。当年苗高 80 ～ 100 厘米，冬季截去顶端，促使翌春长出 3 ～ 5 条主枝，第二年冬再将主枝顶端剪掉，养成骨干枝，以后只修剪过密枝、向内枝、重叠枝，保持圆形树冠。分株法：于早春萌芽前或秋冬落叶后进行，挖取从根际萌生的蘖条，分切成若干单株或 2 ～ 3 条带根的萌条为 1 簇，进行移栽，分切时保留好蘖条的须根，以确保栽后成活。分栽后及时浇水，注意保墒，必要时遮阳，旱时浇水，不久即可从残根的断口处生出新枝，秋后落叶或初春未萌芽前掘出移栽，即成一独立新株。压条和根插繁殖：均在春季进行。小苗可攀枝着地，压入土中；大苗用高压法，压泥处用利刀割伤。不论地压或高压都要保持土壤湿润待长根后割离母株分栽。根插主要在移栽挖苗时进行，将过长较粗的主根，剪成 10 ～ 15 厘米小段，浅埋土中，盖草保湿，易于成活。播种繁殖：实生苗生长慢，易产生变异。为获得大量砧木或杂交育苗时，仍采用播种法。海棠一般地栽，以早春萌芽或初冬落叶后为宜。出圃保持根系完整，大苗带土球，小苗留宿土。植后加强管理，保持土壤疏松肥沃。落叶后至早春萌芽前把枯弱枝、病虫枝剪除，以保持树冠疏散通风透光。亦短截徒长枝，以减少养分消耗，利于开花旺盛。结果后枝则不必修剪。在生长期间及时摘心，早期限制营养生长，则效果更为显著。遇春旱应进行 1 ～ 2 次灌溉，并注意防治金龟子、卷叶虫、蚜虫、袋蛾和红蜘蛛等害虫，以及腐烂病、赤星病等病害。腐烂病又称烂皮病，是多种海棠的重要病害之一，危害树干及枝梢。防治方法：及时清除病树，烧掉病枝，减少病菌来源。早春喷洒石硫合剂或树干处刷石灰剂；初发病时可在病斑上割成纵横相间，深达木质部的刀痕，然后喷涂杀菌剂。

妙用

海棠花是著名观赏花木之一。现代人常在自家庭院中种上海棠，除为观赏外，还为取其吉祥、繁荣、兴旺和快乐之意。现代园林以群植、片植地栽装点园林，可构成壮丽的自然景观。可在门庭两侧对植，或在亭台周围，丛林边缘、水滨池畔布置，最宜植于水边。海棠对二氧化硫有较强的抗性，亦适用于城市街道绿地和厂矿区绿化。用以制盆景，置于客厅，还可作为切花供瓶插及其他装饰之用。其花气味花香，可制茶、提取香料。种子含油量达 30%，榨油能食用，也可用于制肥皂。果加工成蜜饯、果脯。木瓜海棠果中药名为光皮木瓜，贴梗海棠果中药名为皱皮木瓜，两种均具有祛风湿、平肝舒筋，祛风止痛的效果。

79. 铁杆庄稼——枣树

简介

枣，别名：大枣、红枣、白蒲枣、小枣、干枣、美枣、良枣，枣树枝丛生，有长枝、短枝与脱落性小枝。长枝红褐色，呈“之”形弯曲，光滑；短枝在 2 年生以上的长枝上互生；脱落性小枝较纤细，无芽，簇生于短枝上，秋后与叶俱落。单叶互生，卵形至卵状长椭圆形，先端钝尖，边缘有细锯齿，基部三出脉；托叶刺二型，一为针刺，另为钩刺。花小，黄绿色，单生或 2 ~ 8 朵簇生于脱落枝的叶腋，成聚伞花序。核果长圆形或卵圆形，暗红色。花期 5 ~ 7 月，果熟期 8 ~ 10 月。我国是枣的原产地和主产国，以黄河中下游、华北平原栽培最普遍，品种最多。多生于向阳或干燥山坡、山谷、丘陵、平原或田野、庭园。现今记录品种有 800 多个，包括制干、鲜食、蜜枣、兼用及观赏品种。枣区大致以年平均气温 15℃等温线为界，划分为北方枣和南方枣两大品种群。其主产区在北方，其中以河北、山东、河南、山西、陕西五省产量最多。著名品种有金丝小枣、大枣、庆枣、无核枣、晋枣、义乌大枣等。常见以下变种有：元刺枣、葫芦枣、龙爪枣、酸枣。为温带阳性树种，适应性强，喜干冷气候，多花多果，落叶早，生长期短。对温度忍耐能力很强，冬季 –35℃低温条件下能安全越冬；夏季在 40℃高温也不发生伤害。生长期亦需要较高温度，春季气温 13 ~ 15℃时开始萌动；17℃时展叶和抽梢；19 ~ 20℃时现蕾；20 ~ 25 ℃时开花；果实成熟的适宜温度 18 ~ 22℃，要求天气晴朗，雨量过多会引起落果、裂果和烂果；15℃时开始落叶，初霜来临之际落尽。枣树亦能耐旱、耐涝、耐瘠薄、抗盐碱。对土壤要求不严，且酸碱度适应范围较大，pH 5.5 ~ 8.5 都能正常生长结果，以肥沃疏松微碱性或中性砂质土最好。其根系发达，根萌蘖力强，耐烟熏，不耐水雾。结果早，寿命长达两三百年。

养诀

繁殖可用分株、嫁接、扦插、播种、组织培养等方法繁殖。以分株繁殖和嫁接繁殖为主，有些品种也可播种。分株繁殖：选 20 ~ 35 年生优良品种的健壮母株，于休眠期在树冠外围距树干 2.5 米处，挖深 50 ~ 60 厘米，宽 30 ~ 40 厘米的沟，切断直径 2 厘米以下的水平根，填入湿润肥土，促生根蘖，当年培育苗高 1 米左右，即可带 20 厘米的母根移栽。分株时严禁在枣疯病严重的枣园里挖取根蘖。嫁接繁殖：砧木选用大枣实生苗或铜钱树。接穗选自优良品种。分芽接或枝接（劈接、切接、皮下接）。嫁接成活关键是：削平、对准、绑紧、保湿。芽接选当年生的长枝（枣头）取芽，盛花后进行。成活后及时抹除砧芽；枝接于萌芽前取一年生充实的枣头一次枝或二次枝，髓部呈绿色的，沙藏低温处，抑制萌芽，早春接时随用随取。播种法：果实要充分成熟，采后随即去肉，混砂搓擦种核，去净残肉，秋播或沙藏至翌年春播。移栽：北方宜春季芽萌动前，南方在秋季至翌年春季休眠期。

要获取枣树丰产，应：①因地制宜选育、推广名特优新品种，选择适合本地区栽培及市场销售的品种，同时要配置授粉树。②精细整地，合理密植。植前深耕除草，平整土地。③大苗栽植。选2～3年生健壮一二级苗。植时根舒踏实、培土高根茎处3～5厘米。栽后浇透水，水渗干，覆层表土，并做圆形围埂。④科学施肥。操作上，秋施基肥（9月中旬前）效果优于春季；以有机肥为主，拌定量磷、钾肥。追肥一年3次。枣树发芽前（5月上旬）以速效氮肥为主；开花幼果期（6月中下旬）除速效氮肥外，施加磷、钾肥；果实采收后（8月中旬），以磷、钾肥为主，配合氮肥。并于初花期、生理落果期、果实膨大期各喷一次浓度0.3%～0.5%尿素或磷酸二氢钾。⑤适时浇水。发育期间需要相应充足水分，应把握催芽水与头次追肥：其为花期水，可防干旱引起的焦花现象，每隔3～5天向枣花喷一次，同时地面浇水；再次，幼果水，在果实生长期和成熟期，结合追肥进行；最后一次封冻水，在果实采摘后，同时深翻园地。⑥提高坐果率。枣树多花多果，但落花落果严重。主要措施：花前10天，枣头摘心（只留一个永久性二次枝），环剥，初花期在主干基部剥一环状，深及木质部，剥口宽度为干径粗1/7～1/10；巧喷激素。花前喷20毫克/千克的多效唑或25～30毫克/千克的矮壮素。花期喷30毫克/千克的增产灵或10～15毫克/千克的赤霉素。果实生长期喷3～5次植宝素、叶面宝等，并花期放蜂，忌喷农药。⑦精修细剪。成龄后，每年3～4月，剪去内膛枝、病虫枝和过密徒长枝。5月下旬至6月上旬，对冠内主枝和少数外围发育枝摘心短截，以节省养分，增加坐果率，促进果实发育。⑧病虫防治。主要病害：枣锈病、枣疯病，主要害虫：枣步曲、枣黏虫、桃小食心虫等，注意及时防治。

妙用

枣树是幸福美满、早生贵子、敬佩等的象征。被誉为“维生素之王”。可鲜食，经加工成红枣、蜜枣等食品。枣树药用价值很高，枣果、枣仁、枣核、枣根、枣叶、枣树皮均可入药。李时珍《本草纲目》云：“枣肉味甘、平、无毒，主治心腹邪气、安中；养脾气、平胃气，补中益气，坚志强力。久服轻身延年”。张仲景在《伤寒杂病论》中，用大枣的古方达58种之多。枣根可治月经不调、带下等症；树皮无毒，收敛性强，止血、祛湿，能治腹泻、气管炎、肠炎等症。外用治外伤出血，枣的花粉是延年益寿的佳品。其木材质坚韧致密，有光泽，不翘不裂，用于制造硬木家具、车轮、各种转轴和雕刻用材。

枣树宜在庭园、路旁、廊边孤植或群植，游步道旁片植或以观果树丛配植，构成果林。它对多种有毒气体抗性强，在一些工业区中表现对烟尘的抗性强，它的叶子对氯气、氟化氢和二氧化硫的抗性都强。适用于工矿区绿化，其老根枯干可作树桩盆景。

80. 盆花的女王——仙客来

简介

仙客来，别名：兔子花、兔耳花、一品冠、萝卜海棠、僧冠帽等。仙客来叶丛生球茎顶端，心脏状卵形或心形，叶面深绿色，背面紫红色，叶缘锯齿状，有银白色斑纹，叶柄较长，红褐色。茎顶生一花，花大，单生而下垂，花瓣向上直立反卷，酷似兔耳；花梗长，肉质，花色有白、浅红、绯红、玫瑰红、大红、紫红、雪春，也有红心白瓣、粉瓣等色，基部常具深红色斑；花瓣边缘多样，有全缘、缺刻、皱褶和波浪等形。有些品种带花香。花期冬、春。蒴萌果球形，内含褐色种子多数。原产于地中海沿岸的希腊、叙利亚一带山地。我国在20世纪20～30年代开始引种栽培有20多个品种。园艺品种依花型分为：大花型，平瓣形、皱边型、重瓣型等。常见品种有：欧洲仙客来、地中海仙客来、非洲仙客来、小花仙客来、玫瑰叶仙客来、希腊仙客来等。喜温暖、凉爽、湿润及阳光充足的环境。半耐寒，忌高温高湿，不耐热和雨淋。

秋、冬、春三季为生长季；夏季为休眠期，喜冷凉干燥。一般生长和花芽分化的适温15～20℃，湿度70%～75%；冬季花期温度不得低于10℃，若温度过低，则花色暗淡，且易凋落；温度超过35℃以上，块茎易腐烂。幼苗较老株耐热性稍强。为中日照植物。要求疏松肥沃、富含腐殖质、排水良好的微酸性砂壤土。忌水涝。

养诀

主要用播种法繁殖。于9～10月选粒大饱满、色重、光润的新鲜种子，30℃温水浸种12小时，洗净后置于25℃处催芽。待种子萌动后，按株行距1厘米见方点播于盛2/3基质（珍珠岩或河沙或腐叶土和园土各半混合的培养土）的浅盆或浅箱中，覆土5毫米，盖上薄膜置阴凉处。用浸盆法浇水，保持基质湿润。保持16～20℃，约1个月苗出齐后去掉覆盖物，逐渐见光。幼苗2～3片真叶带土移到直径10厘米泥盆，球茎露出培养土2/3。当苗长10片叶时，换上直径15～20厘米泥盆。盆土可采用珍珠岩1份、泥炭2份混合，加少量骨粉；或腐叶土3份、堆肥1份、砂壤土2份、粗沙2份，加少量过磷酸钙和草木灰混合。盆土消毒灭菌处理后，于9月中旬休眠球茎开始萌芽，即刻换盆。浇透水置阴处，1周后摆放在阳光充足、通风良好处。生长期间保持湿润，浇水见干见湿，忌过湿，防积水或渍涝，一般2～3天浇一次水。水温应与室温相近。浇水时手拨开叶片，用长嘴壶从盆边浇淋，避开叶片与花朵。7～8月停止浇水，让仙客来充分休眠越夏。入秋与翌春长新叶增加浇水量。每10天左右施一次稀薄腐熟饼肥或复合液肥。花蕾育成至含苞待放时，增施一次骨粉或过磷酸钙。花期不宜施氮肥。花后再施骨粉一次，以利果实发育和种子成熟。施肥前宜先松土。施肥时切忌肥水玷污叶片，并及时清除老黄叶、病虫叶。花开期间，必须摘除先期开放的花，将不同品种分隔开，

进行人工辅助授粉：当花盛开时，用食指从上往下托雄蕊，轻震数下，花粉就落在手指上，涂抹于雌蕊上，每日1～2次，连续2～3天，授粉率达百分之百。此法操作简便并有效，很适宜家庭养殖。莳养期间，夏季应适当遮阴，放在凉爽、半阴处；冬季要保温，保持8℃以上温度。春末夏初多发生叶斑病，7～8月高温季节易罹软腐病；害虫主要是蚜虫和螨虫。注意及时防治病虫害。

妙用

仙客来在欧洲是高贵、典雅的象征。将它装饰居室，摆放窗台、花架案头，点缀集会会场、会议室桌案等处。仙客来为迎宾之花，寓意贺新年、庆吉祥、添富贵。仙客来对空气中的有毒气体二氧化硫有较强抵抗能力。冬季室内摆放仙客来，可清除室内二氧化硫。它还是一味孕妇之药。古罗马时期，就发现其鳞茎有麻醉引产之效，甚至认为它有避邪的法力和熄灭萤火的魔力，更增加它神秘的色彩。

81. 优雅的花名——风信子

简介

风信子，别名：洋水仙、西洋水仙、五色水仙、时样锦、洋荷兰风信子、五彩水仙、百合水仙。风信子叶片基生，4～8枚，带状狭披针形，肥厚肉质，具光泽。花茎从叶丛抽出，略高于叶，中空，总状花序顶生，花5～20朵，漏斗形，下垂或斜向，具芳香。花色有紫、白、红、黄、粉、蓝等色，花期3～4月。荷兰是风信子的主要生产地。18世纪在欧洲已广泛栽培，至今世界各地广为流行。我国栽培始于19世纪末，20世纪80年代后，有较大的发展，至今已进入家庭和公共场所。但目前尚未能自行繁种，栽培退化现象严重，品质差，尚需从国外引进。世界园艺品种有2 000多个，分为

荷兰系和罗马系两大系列。也有大花、小花、早花、中花和晚花等品种。常见品种：粉红的安娜、玛丽、粉珍珠、淡蓝的荷兰、彩蓝、卡内基、白色的白珍珠，深蓝的奥斯塔雷、大红的简博新、红钻石，淡黄的哈莱姆城和橙红的吉赛女王等。喜冬季温暖湿润、夏季凉爽稍干燥、阳光充足或半阴的环境，耐寒。喜肥，宜富含有机质、肥沃、排水良好的砂质壤土，忌过湿或黏重的土壤。鳞茎有夏季休眠习性，秋冬生根，早春萌发新芽，3 月开花，6 月上旬植株枯萎。生育过程，鳞茎在 2 ~ 6℃低温时根系生长最好。芽萌动适温 5 ~ 10℃，叶片生长适温 10 ~ 12℃，花芽分化温度 20 ~ 28℃，最适温度 25℃左右。

养诀

常用分球、播种和组织培养法繁殖。分球法繁殖：用母球植后 1 年所分生子球分开繁殖。子球繁殖需第三年开花，且自然分球率低。为提高繁殖率，可采用扇形挖切和十字形切割繁殖。其法：鳞茎 25℃储藏 30 天，待花芽形成后切割。切后待切口分泌的汁液略干后用升汞溶液消毒，置浅盆，摊成一层，于 21℃和低温和繁殖箱内使之产生愈伤组织。当鳞片基部膨大时，逐渐升温 30℃，相对湿度 85%，3 个月后形成许多小鳞茎，秋季即可分栽。诱发的小鳞茎培育 3 ~ 4 年后开花。播种法繁殖：以秋播为主，播种土需高温消毒，播后覆土 1 厘米，翌春 1 ~ 2 月发芽。实生苗需培育 4 ~ 5 年才能开花。风信子可地栽、盆栽和水养等。地栽：于 10 月进行，选干燥、向阳、空气流通的环境，深耕，施足底肥，畦栽、沟栽均可，株距约 15 厘米，覆土深度为球茎高的 1 ~ 2 倍。栽后浇水至土壤湿润即可。冬季适时覆盖，以利越冬，早春芽未萌前除去覆盖物。生长期每半月追施有机液肥一次，并以 0.1% ~ 0.2% 的磷酸二氢钾作根外追肥，直至花前、花后再施 1 ~ 2 次，以充实球茎。初夏地上部分枯

黄后，挖出鳞茎，阴干后储藏于冷凉、通风、干燥处，温度不得超过28℃，待秋季气温9～13℃时再栽种。盆栽：选取健壮饱满的鳞茎于10月上盆。宜选洁净旧盆，盆土用园土、沙土和腐叶土各1/3配制。栽植深度以鳞茎顶端埋入土为宜。栽后保持土壤湿润，生长期间常追肥，并增施磷、钾肥。经120天左右即可开花，花前、花后再施肥一次。冬季可将盆埋于露地，上加覆盖物防寒，春暖化冻时取出，或移入温室。水养：于10～11月将大而充实鳞茎放在盛水的广口玻璃瓶内，加少许木炭以吸附水中杂质，帮助消毒和防腐。其鳞茎仅浸至底部便可。然后放置阴暗处，黑布遮住瓶子。经20多天基部生白色根，并开始抽生花茎，此时将瓶移到有光照的地方，每3～4天换一次水，保持空气流通，3个月即可开花。

妙用

风信子与中国水仙花是姊妹花，与水仙一样象征纯洁的爱情。在荷兰，它象征生活的甜蜜与家庭的和睦、美满。不同颜色喻义各异，红色的代表感谢你，黄色的代表很幸福，蓝色的代表高贵浓郁，白色的代表纯洁清淡或不敢表露的爱，紫色的代表悲。可将它供于案头，或用以装饰闺房。其开花早，是早春开花的著名球根花卉之一，也是重要的盆花种类，如作盆栽水养，摆设于阳台、案几，显得青翠光亮，抒发春光。又花期颇长，花莛突出，庄重有力，可布置花坛、花境、花槽及草坪边缘。花除供观赏外，还可以提取芳香油。

82. 大众盆花——天竺葵

简介

天竺葵，别名：石蜡红、日烂红、洋绣球、洋葵、洋蝴蝶、臭绣球、臭牡丹等。天竺葵叶互生，圆形至肾形，上面有暗红色马蹄形环纹，叶柄长。伞形花序生于嫩枝顶端，总梗较长，上有细毛。总苞内小花10～40朵不等，有白、深红、大红、桃红、玫瑰红、洋红、淡紫等。果为蒴果，有喙，成熟时与瓣开裂，螺旋状卷曲。种子长椭圆形，似麦粒状，棕色至褐色。除炎热盛夏外，其余各季均开花，盛花期4～6月，花期较长。原产非洲南部好望角一带，我国各地均有栽培。天竺葵属有250多种，主要有直立型天竺葵和匍匐型天竺葵。常见栽培种有：大花天竺葵、香叶天竺葵、芳香天竺葵、盾叶天竺葵、菊叶天竺葵、马蹄纹天竺葵等。性喜阳光、温暖、冷凉湿润的环境，夏季喜半阴，忌炎热，不耐湿，稍耐旱，不耐寒，生长适温10～25℃，冬季室温保持6℃以上。适生于肥沃疏松、排水良好、富含腐殖质的砂质壤土。北方于温室内越冬，南方地区于荫棚下越夏。

养诀

用扦插和播种法繁殖，以扦插繁殖为主。春、秋两季都可扦插繁殖，春插成活率高。插穗宜选1～2年生健壮枝条，取7～10厘米，在节下剪断，去除基部叶片，留顶部1～2片叶，晾干半天，插入苗床或大盆中干净的河沙中，插深为插穗长度1/3。苗床宜遮阴，盆插置半阴处，保持湿润，3～4周生根。根长3～4厘米时即可移植上盆。播种法繁殖：单瓣种易结子，成熟后，随采随播，出苗极易。春、秋季均可进行，以春季室内盆播为好。发芽适温20～25℃。种子不大，覆土不宜深，10～20天发芽。天竺葵可地栽和盆栽观赏。盆土以壤土3份、腐叶土2份、沙土1份混匀，加少量骨粉。上盆后，苗高12～15厘米摘心，促使每株有3～5个分枝。浇水应适当，宁干勿湿；盛夏高温时，要严控浇水，否则叶片常发黄脱落。茎叶生长期，应多次摘心，促发新枝，每半月施肥1次，氮肥施用不宜多。花芽形成期每半月加施一次磷肥。花谢后应即摘去花枝，以免消耗养分。天竺葵生长迅速，每年要修剪整形。第一次在3月份，主要是疏枝；第二次在5月份，剪除已谢花朵及过密枝条；立秋后进行第三次，主要是整形，于8月下旬至9月上旬，结合换盆，选留近基部生长健壮、分布匀称的主枝3～5个，其他过密的、纤弱的徒长枝条，一并从基部剪掉。对培养1年的植株，在适当的位置短截即可。一般

王远提供

盆栽3～4年的老株需要重新进行更新。莳养过程通风不良又过于潮湿，易发生叶斑病和花枯萎病。发现后应立即摘除以防感染蔓延，并喷洒等量式波尔多液防治。虫害主要有红蜘蛛和粉虱为害叶片和花枝，可用40%氧化乐果乳油1 000倍液喷杀。

妙用

天竺葵很适合家庭盆栽，是春季重要盆花与庭院花木之一。可作切花用于插花、花篮等。在冬暖夏凉地区全年可露地栽培，可在街心花坛、花境、草地内组成图案。盆栽适用于厅室、餐厅、会场等公共场所摆放，点缀庭院、阳台、窗台、几案效果更佳。其全株入药，四季可采，多鲜用，也可晒干备用，具有清热消炎、解毒收敛的功效。茎叶含有挥发油，能分泌出杀菌素，杀死白喉、痢疾、肺核等病菌，保护人体健康。它还有特殊的气味，有镇静、安眠、平喘、消除疲劳的功能；又是有名的卫生植物，目前被市场上称为“驱蚊草”、“蚊净香草”的植物。但有些人对它的气味有过敏反应，不宜嗅闻，尤其在开花时，不要与花粉接触。还有解毒、收敛的功效，外用可治痈疮炎症。此外，天竺葵能吸收空气中的氯气，对氟化氢、二氧化碳等有害气体有一定抗性，当空气中有一定浓度的二氧化硫时，叶片会出现坏死斑点、皱缩现象，可作为大气二氧化硫污染的监测植物。又叶上披有细绒毛，对粉尘有较强的吸附作用，可以减少室内外的灰尘，净化家庭空气。

83. 花形如蝶——三色堇

简介

三色堇，别名：鬼儿脸、猫脸花、鬼脸花、蝴蝶花、蝴蝶梅、游蝶花、阳蝶花、人面花、老头花、猴脸花等。三色堇叶互生，基部叶有长柄，叶片心脏形，茎生叶矩圆状卵形或宽披针形。花单生于叶腋，花大，花梗长，花瓣5枚，不整齐。花色通常紫、白、黄三色混合，也有纯白、纯黄、浓紫黑等单色及双色混合。花期4～6月，果熟期5～7月。原产于欧洲，20世纪70年代后，美国、法国、德国、英国等国在三色堇育种方面进展很快，不仅培育花径达12厘米，又出现花径3厘米的迷你型，花色由纯色到双色，并已育出黑色品种。除耐寒品种外，已有抗热、抗病的三色堇。有所谓“英国的花姿，美国的花径，德国的色彩，法国的性状”的说法，被古巴、波兰、冰岛定为国花。现世界及中国各地广为栽培。同属植物约有400种，常用植物有丛生三色堇、角堇、香堇等。性较耐寒，喜凉爽通风环境；略耐半阴，忌炎热和雨涝。在炎热多雨的夏季，常发育不良且不能形成种子。对土壤要求不严，耐贫瘠，适生于肥沃疏松、富含有机质的土壤中。生育适温为10～15℃，低温有利株型紧凑。南方可露地越冬，北方常作一年生栽培。

养诀

用播种，扦插和分株法繁殖，以播种繁殖为主。一般9月播种。宜采用疏松经消毒处理的人工介质，可床播、盆播及穴盘育苗。播后温度保持在18～22℃，避光，蛭石覆盖种子以保持湿润。在避光条件下7～10天发芽。播种如温度太高，会造成种子的发芽率低和幼苗长势差。可采用人工降温，待出苗后移至有遮阳通风的育苗棚内；另利用高海拔山区冷凉地育苗。当幼苗3～4片真叶时，将根系已形成根球须带土球移栽上盆，否则不易成活。穴盘育苗应选排水良好的培养土。上盆后，先置背阴处缓苗1周，再移至向阳处。在10～15℃条件下，约15周可开花。开花时不晒太阳，可延长花期。日常莳养须注意水肥控制，浇水要适度，过湿易患茎腐病；过干植株易萎蔫，每次浇水于盆土略干燥时进行。开花时，保持充足的水分，夏季高温，保持湿润，切忌积水，冬季控制浇水。生长期结合浇水勤施薄肥，每隔2周施一次腐熟稀薄有机液肥、饼肥水，或0.2%尿素和复合肥液间隔施用。生长期间要及时摘除残枝、残花、对徒长枝摘心控长，促发新枝，可延长

花期。常发生炭疽病和灰霉病危害叶片、花瓣，除拔除病株外，可用50%多菌灵可湿性粉剂500倍液喷洒防治。虫害有蚜虫和红蜘蛛为害，用40%氧化乐果乳油1 500倍液喷杀。

妙用

三色堇赠送青少年，寓意童年纯真、活泼可爱；纯紫色三色堇送给爱人、伴侣，寓意浪漫、温馨；送给双亲，表示深深的爱意。用它摆放花坛、花境、点缀草坪边缘、配置景点、覆盖地面，均能形成独特的早春景观。用于盆栽点缀窗台、阳台、台阶、案头、茶几上。其花含三色堇素、芸香苷、挥发油等，可作食品家肴的辅料；全草、花可入药，作止咳剂，有镇咳作用，还可治小儿瘰疬，皮肤上青春痘、粉刺等。

84. 朝天的喇叭——矮牵牛

简介

矮牵牛，别名：碧冬茄、番薯花、喇叭花、灵芝牡丹、毽子花、撞羽牵牛等。矮牵牛花单生，花冠筒部漏斗形。依品种不同花有单瓣和重瓣，边缘有皱褶、齿牙或呈波状浅裂。花色有白、粉、红、紫及彩斑镶边等复色。花期4月至霜降。冬季室温达15℃以上，可四季开花。原产于南美洲阿根廷，我国于20世纪初开始引种栽培，现世界与我国各地广为栽培。矮牵牛分为大花复瓣型、复瓣多花型、单瓣大花型和单瓣多花型。常见栽培品种有：梦幻、夸张、阿拉丁、大地、瀑布、呼啦圈、豪放、地毯、海市蜃楼，二重唱、幸运、波浪等。属长日照植物，性喜温暖、干燥、阳光充足及通风良好的环境。耐干旱，不耐寒，忌积水雨涝。在光照充足高温条件下开花茂盛。生育适温10～30℃。适生于疏松、肥沃、排水良好

王远提供

的砂质壤土。

养诀

矮牵牛采用播种或扦插法繁殖，以播种法繁殖为主。春播、秋播均可。其种子细小，宜将种子按 1 ∶ 4 与细沙土混匀后播种，播前用多菌灵或甲基托布津对介质消毒处理播后稍镇压，不覆土遮光；也可将包衣的种子点播于穴盘。播种温度 20 ~ 24℃，4 ~ 5 天即可发芽。扦插繁殖：于5 ~ 6 月或 8 ~ 9 月扦插成活率较高。于早春花后或秋季将选好母株的老枝条全部剪掉，促其根际萌发的新嫩枝作插穗，每段 7 ~ 10 厘米插于浇湿的粗沙或蛭石中，插入深度 2/3，保持 20℃左右的温度，遮阴，经 2 ~ 3 周即可生根，扦插苗可在不低于 10℃的温室内越冬。此法常用于重瓣品种和不易结实的大花品种。

矮牵牛地栽、盆栽均可。盆栽应掌握：盆宜内径为 30 厘米的土陶盆，培养土为腐叶土、菜园表土、沙或珍珠岩按 5 ∶ 4 ∶ 1 的比例配制，每盆两三株。浇水适度，春夏秋三季常浇水，盆土见干即浇，以保持稍偏湿润为好，夏季高温，每天浇 2 次透水。浇水应拨开底下叶片，用长嘴壶浇淋培养土，花、叶避免浇到水。北方浇水宜常加点硫酸亚铁（500 ∶ 1），以防盆土碱化、叶黄生长不良。旺盛生长期施肥多磷钾少用氮，每 10 天左右施一次稀薄液肥，孕蕾期间多施磷肥。同时给予充足光照，每天光照 12 小时以上，且夜温在 10℃以上，则可四季开花。冬季入室不施肥。矮牵牛花朵着生在花枝顶部，从苗期 10 厘米高开始进行多次摘心，促使多发枝。尤其春、夏播苗，生长期短，分枝少，摘心可使株型丰满，开花多。每次花谢后如不需留种，应及时剪除残花。盛花期 1 ~ 2 个月后，开花部位上升，造成下部无花，选外围花枝从基部 10 厘米处剪去，以促发新枝。冬季应重修剪，剪除细弱枝，每盆留健壮枝 3 ~ 5 个，每枝留基部 2 ~ 3 芽。此外，采用分期播种，新老更替，达到常年有花。一般春、夏季播苗 75 ~ 90 天开花，秋冬播苗半年左右开花，可根据需要分期播种。霜降后，入室于向阳通风处，花期可延续到元旦前后。其病虫

王远提供

害较少，常见病毒引起的花叶病。盆土必须消毒，忌用旧盆土或栽培过茄科蔬菜、花卉土。出现病虫害及时防治。

妙用

矮牵牛是城市园林绿化最常用的花卉之一。可用于露地花坛、花境、岩石园、开阔草坪地缘、绿地中心及大公园和市政地面绿化布置，或作自然点缀。亦可盆栽用于家庭院落、室内几案、窗台、阳台装饰等。矮牵牛能通过叶片将有毒的二氧化硫经氧化作用转化为无毒或低毒的硫酸盐化合物，是监测光化学烟雾的指示性植物。还能分泌杀菌素，杀死空气中的某些细菌，能抑制白喉、结核、痢疾病原体和伤寒病菌的生长，保持室内空气清洁卫生。

85. 插花新星——红掌

简介

红掌，别名：花烛、红掌花、红鹤芋、红苞芋、安祖花、火鹤花、弗拉门戈花、猪尾巴草等。红掌花腋生，佛焰苞蜡质，正圆形或卵圆形，鲜红色、橙红肉色、桃红、朱红、白、红底绿纹、绿橙等色，肉质花序，圆柱状，直立。花期持久，四季开花。种子约9个月成熟，浆果淡红色，大小如绿豆，每果含种子2～4粒。原产于南美洲热带和亚热带雨林、半阴的沟谷地带，哥斯达黎加、危地马拉、哥伦比亚都有广泛分布，以荷兰、巴西和哥伦比亚种植较多。我国于20世纪70年代开始引种栽培，品种有：福娃、福妞、西部热情、法拉利、绿珠、白王子、北京成功、改良红皇后、西部红心等等。性喜温暖、潮湿和半阴的环境，但不耐阴，喜阳光而忌强光直射，全年宜在遮阴的环境下

栽培，即选择有保护性设施的温室栽培。不耐寒，要求温度高，生长适温白天21～25℃、夜间18～20℃，昼夜温差3～6℃最为适宜。最高温度不宜超过35℃，冬季温度不低于15℃，否则不能形成佛焰苞；低于10℃易受冻害。对水分敏感，怕干旱，忌干风，适宜空气湿度80%～90%。喜肥而忌盐碱，适生于肥沃、疏松、透气、富含有机质、排水良好的酸性土壤。生长健强、抗病虫害能力强，生长缓慢。

养诀

采用分株、扦插、组织培养法繁殖，也可用种子育苗。以分株法繁殖为主，常于早春结合换盆进行，将成龄植株萌生的子株切离母体另行栽植即可，分出子株至少保留3～4片叶。子株培养一年后可开花。扦插法繁殖：将老枝条剪下，去叶片，每1～2节为插条，插于23～30℃的温度下进行，将老的根茎切下带芽眼和少量根，另行栽植为新株。人工授粉的种子成熟后，立即播种，温度25～30℃，两周发芽。大量生产时采用组织培养法进行繁殖。上盆以株高10～15厘米的盆苗、使用160毫米×150毫米一次性的红色塑胶盆、基质应选通透性好的，宜用泥炭土（或草灰或椰糠）加珍珠岩（其比例3：1），另加少量骨粉或腐熟饼肥粉混匀配制，基质须经消毒，盆底需垫上1/4～1/3粗沙或颗粒状的碎砖块等物，以利排水。植后及时浇透清水、喷施菌剂，以防止病害发生。生长旺季浇水应充足，盆土干湿相间；高温季节需每天向叶面和地面喷洒2～3次水，以利降温增湿；深秋及早春应适当控制浇水量，盆土切忌积水。施肥应薄肥勤施，每月结合浇水，需施2～3次氮、磷、钾比例为1：1：1的复合液肥或红掌专用肥，施液肥后2小时，清水喷淋残留叶上的肥料。夏季中午前后需注意遮阴，早、晚多见阳光；冬季应给予充足的光照；越冬室温不能低于16℃。需每隔1～2年在早春换盆一次，换盆时将老根及枯根剪去，并应增施基肥，添加新的培养土。为提高红掌的观赏性，每半个月将萌发新芽、长势较弱的一面转向阳面，以平衡植株长势；每株保留一个健壮吸芽即可，可防植株弯茎且开花小；及时合理调整盆距，以叶面相互接触但不交覆盖，可促进分蘖，使株形日趋丰满；应适当剪除同一根系上长出的多蕾及老花，以减少营养消耗，并及时将叶片、花茎理顺，让花集中在植株中心部位，对上盆较浅，根系外露的植株及时补充基质，可增强植株复壮，延长花朵寿命，提高花的产量。

妙用

红掌颜色火红，象征着喜庆、甜蜜幸福，心心相印。用红掌装饰大型会议、大型展览、文艺会演或婚姻喜庆场所，会使整个场面更加生机勃勃。红掌还可作盆栽，因其耐阴性强，叶色青绿既可观花又可观叶，是室内观赏花卉的好品种。特别是同属的矮小品种，株形小，花色鲜艳夺目，盆栽单花期可达 4 ~ 6 个月，常用于家庭居室、客厅及会议室的美化布置，且红掌对空气中的甲醛、二甲苯、甲苯、氨等有较强的吸收能力，能有效地净化家庭室内空气。

86. 小型吞毒机——常春藤

简介

常春藤，别名：英国常春藤、加那利常春藤、中华常春藤、爬墙虎、爬树藤、洋爬山虎、土鼓藤、钻天风、三角风、枫荷梨藤等。常春藤叶互生，2 裂革质，具长柄；营养枝上的叶三角状卵形或近戟形，全缘或三浅裂；花枝上叶椭圆状卵形或椭圆状披针形，全缘。花两性，伞形花序单生或 2 ~ 7 个顶生；花小，黄白色或绿白色；子房下位，花柱合生成柱状。果圆球形，浆果状，黄色或

红色。花期 9 ~ 11 月，果期翌年 4 ~ 5 月。产于我国华中、华南、西南及陕甘等地区，秦岭以南山地多野生，附于阔叶林中树干上或沟谷阴湿的岩壁上。全球有 5 ~ 13 种，目前我国应用较多，分别属于 3 个种或变种，为中华常春藤、洋常春藤及菱叶常春藤，常见栽培品种、变种有：中华常春藤、日本常春藤、彩叶常春藤、金心常春藤、银边常春藤等。性喜温暖、湿润、冷凉的气候，稍耐寒，忌干燥，极耐阴，较强光照环境也能生长，但忌夏季高温闷热、强光暴晒。生长温度 20 ~ 25℃，湿度 60% ~ 90%，冬季 0℃以上可安全越冬，30℃以上生长停滞。对土壤要求不严格，以湿润、疏松、肥沃的中性、微酸性土最适宜，不耐盐碱。

养诀

可用扦插、压条法繁殖。春、夏、秋三季均可进行。扦插繁殖：于 3 ~ 4 月用营养枝作插穗，长 15 厘米左右，上端稍带叶片，插于砂质土为基质的苗床或水培，插深 1/3，插后及时庇荫，保持土壤湿润，很快可生根；或 6 ~ 8 月用带气生根的嫩枝为插穗，上端带数片叶，斜卧扦插，注意庇荫和保持适当湿度，切忌过湿，1 个月后即生根。压条法繁殖：将母株走茎压于沙土中，露出叶片，保持湿润待节间生根后，每 3 ~ 5 节剪下种植。常见的种植方式：吊盆：基质为蛭石、珍珠岩、腐叶土加少量腐熟有机肥混合配制，材料用 1 年生以上营养枝扦插，上枝叶向盆外伸展，适于家庭简易栽法。高盆土栽：盆内竖立桫椤柱或葵衣棒，将成活健壮的植株绑扎在柱上，任由翠绿枝叶自然下垂。盆景：挖取野外多年生的大叶常春藤“树桩”，经修剪培育成活后，用斑叶品种进行嫁接，制作悬崖式的树形，为上乘的盆景，观赏价值甚高。常春藤喜湿润，稍耐旱，生长期宜常浇水，并要常向叶片喷水，既可消除灰尘，使叶面清新鲜美，又可满足其对高湿度的要求；冬季室温低时要控制浇水，宜稍偏干，否则易烂根。种植第一年，株小，盆土养分足，可供其生长，春、秋季各施一次稀薄全肥即可；第二、第三年生长旺季每半月左右施一次稀薄饼肥水，也可向叶片喷洒 0.2% 磷酸二氢钾液 1 ~ 2 次，可使叶色更加艳美。施

王远提供

液肥时应注意不能玷污叶片，以免引起叶片枯焦。第四年要翻盆换土，如不翻盆，则应半月施一次氮磷钾复合肥，忌单施氮肥，否则花色斑块易变为绿色。冬、夏不施肥。莳养过程，因室内通风不好等因素，易受蚜虫、红蜘蛛为害，采用肥皂液（肥皂和热开水按 1 ： 50 溶解）或烟蒂液（烟蒂加水 500 克浸泡 24 小时后过滤）喷洒触杀。

妙用

常春藤是常绿吸附型中绿化的常见攀缘植物，也是阴面，阳台、棚架和垂直生态的良好材料。可用于建筑物墙面阴面、半阴面、岩面、石柱、墙垣坡坎、绿廊等处攀附，也很适于庭院垂吊式绿化。常春藤能与净化器媲美，是吸收香烟、人造纤维等所释放苯最有效的植物之一，吸收汞和镉的能力也较强。还能分泌植物杀菌素，对细菌、霉菌及其他有害物质有抑制和杀死作用，甚至可以吸纳连吸尘器都难以吸到的微粒灰尘。此外，对室内家用电器、塑料制品、装修材料、办公室复印机等所散发的硫化氢、三氯乙烯、苯等有害气体有抵抗和吸收作用，能分解地毯、绝缘材料和胶合板中甲醛和隐匿于壁纸中的二甲苯，还能吸收尼古丁中的致癌物质。

常春藤全草可入药。味苦，性寒，入肺、脾经，有祛风利湿、活血消肿、平肝解毒之功，主治风湿关节炎、肝炎、头晕目眩、口眼歪斜、衄血、目翳、痈疽疮毒等症。中华常春藤其藤茎含鞣质、树脂，可提取烤胶。

87. 美人的风韵——虞美人

简介

虞美人，别名：丽春花、舞草、赛牡丹、锦被花、满园春、玉美人、娱美人等。虞美人叶互生，长椭圆形，羽状深裂，或全裂，裂片披针形，顶端极尖，叶缘具粗锯齿。花单生于长梗的顶端。多为单瓣。花蕾半球形，未开放时弯曲下垂，开花后花梗直立。花瓣 4 枚，两大两小，宽倒卵形或近圆形。花有纯白、粉红、深红、紫红、红、黄、斑纹等复色。花期春、夏，蒴果孔裂。开花后约 20 天种子成熟，肾形褐色，极微小，种子寿命 3 ～ 5 年。原产欧洲及亚洲大陆的温带，北美也有分布。现今世界各地均作为精细花草栽培。我国南北各地的庭园、公园及家庭都较普遍栽培。罂粟属有 100 种左右，栽培较多常作为花卉的有：东方罂粟、高山罂粟、冰岛罂粟、近东罂粟、西藏罂粟等。虞美人与罂粟是同科同属的两种植物。性喜温暖、凉爽、湿润、阳光充足、通风良好的气候环境。忌炎热，较耐寒，生长适温 15 ～ 25℃，低于 10℃生长停止，烈日高温生长受抑制。适于肥沃，疏松、湿润、排水良好的砂壤土。直根系，不耐移植，能自播、自生。其盛夏前，完成开花和结实阶段，伏天则全部枯死。

养诀

多用播种法繁殖，播种繁殖：于 9 ～ 10 月或 3 ～ 4 月。秋播的春末夏初开花，春播的夏末秋初开花。种子成熟不一致，随熟、随采、随播，或装袋置于 5℃左右冰箱内储存。种子细小，播种地要求平整、细致、湿润，施足基肥，拌上细沙，按行距 25 ～ 30 厘米条播，播后不覆土，浇足水。发芽适温约 20℃，1 周后出苗。家庭可直播于花盆内；供园林布置，用营养钵或小纸袋育苗，连钵带盆一起移植。当真叶 4 ～ 5 片时带宿土或土团移植。夏季凉爽的东北、西北、西南地区，3 月末或 4 月初露地直播，5 ～ 6 月初夏就能开花。南方地区，冬季大棚内保温育苗，春季分期分批移入花坛或花盆内，移栽时防伤根及汁液流出，圃地四周，散施防老鼠、蚂蚁的农药。直播花坛，出苗后应间苗 1 ～ 2 次，每穴留 2 ～ 3 株，株距 30 ～ 40 厘米。苗期能耐干旱，不需浇水过多，盆栽 3 ～ 5 天浇水一次，田间土壤含水量以保持干燥

状态发育较快，花期需水较多，除土壤应常保持湿润外，晴天上午需浇水一次，越冬时少浇，开春生长时应多浇。虞美人为喜肥植物，地栽于越冬前施 2 次薄肥，花蕾形成到盛花期应追肥 2 ～ 3 次稀薄饼肥水或复合肥或腐熟尿液，以促使花大色艳、开放有力。莳养期应做好中耕松土和除草，开花后，及时剪去残花，花后取种要及时，要实行轮作，避免重茬。以防生长开花不良，引发多种病害。

妙用

虞美人为春季美化花坛、花带、花径及庭园的精细花草。植于花境或与其他花卉混栽。还可成片栽植，形成地被华丽景观。散点于浅绿色草坪之中，丛植园、路拐角处。也可盆栽，点缀于阳台、屋顶花园、窗台等处观赏，可作为对有毒气体硫化氢监测指示植物。虞美人全株皆可入药，剪花煮水有镇咳作用；体内汁液有镇痛止泻的疗效。但全株有毒，内含有毒生物碱，种子尤甚。误食后会引起抑制中枢神经中毒，严重可致生命危险。幼儿园、中小学及儿童活动场所不宜栽种。

88. 切花之王——唐菖蒲

简介

唐菖蒲，别名：菖兰、剑兰、扁竹莲、十三太保、福兰、什锦兰、剑百合、马兰花、苍兰等。唐菖蒲叶草质，叶片狭长剑形，光滑灰绿色，2 列抱茎互生，7 ～ 8 片。花茎挺拔，直立于叶丛中央，形如长剑。花茎上部着生穗状花序，花单生，每穗着花 8 ～ 24 朵，排成 2 列偏向一侧，花冠呈漏斗状。花由下向上逐渐开放，先开花朵较大。花色有白、红、黄、粉、蓝、紫、橙及复色、斑纹、洒金等色。花期 5 ～ 10 月。果为蒴果，矩圆形或倒卵形。原产于非洲好望角、地中海沿岸和西亚地区，我国各地广为栽培。其品种极为丰富，世界各国约 1 万种以上，按花色分为白、粉、黄、橙、红、浅紫、蓝、烟紫 8 个系列；按花被裂片形态分为平瓣、皱瓣、波瓣；按生育期长短不同分为早花类（60 ～ 65

王远提供

王远提供

天)、中花类(70 ～ 75 天)、晚花类(80 ～ 90 天)等。我国目前有晓日红、红星、火炬等 450 多个品种。喜温暖、凉爽、湿润和阳光充足的环境，不耐高温，忌闷热，较耐寒。生长适温 18 ～ 25℃，低于 5℃易受害，高于 35℃生长受抑制，对土壤要求不严，适生于富含腐殖质、排水良好微酸性砂质壤土、黏质土和低洼积水处，不利球茎生长及子球的增殖，易引起烂根死亡。忌土壤冷湿。喜肥，不耐涝。一般夏季开花，冬季休眠，长日照条件下进行花芽分化。

养诀

唐菖蒲以分球繁殖为主，也可用切球、组织培养及播种方法繁殖。分球法繁殖：于花茎剪下后 1 个月左右，叶片枯萎时，将球茎掘起，分批分期掰下种球和子球，按大小分级，置于阴凉通风处储藏休眠 2 ～ 3 个月，或充分晾干后置 5℃低温处休眠 2 个月，至翌春种植。小球需培育 1 ～ 2 年后开花。切球繁殖需每部分都带有一个以上的芽或部分芽盘。播种繁殖：多用于培育新品种，种子宜随采随播。组织培养法：组织培养育苗，可以复壮提纯，消除病毒，大规模生产采用休眠芽或腋芽作外植体，进行组培繁殖。栽植唐菖蒲的球茎，应挑选无腐、无斑、发芽与生根部位没有损伤的扁球形中的小球茎栽培。选土层深厚、肥沃、向阳和排水良好的地方。种前深翻施足基肥。高畦种植，畦宽 1.0 ～ 1.2 米，条种大球的行株距为（40 ～ 50）厘米 ×（20 ～ 30）厘米，中球稍密，植深为球茎高度的 2 ～ 3 倍，不宜过浅与过深。栽后浇透水 1 ～ 2 次。为延长花期，从 3 ～ 9 月，每隔 15 ～ 20 天栽种一批，秋、冬如在大棚温室内，能保证全年都有鲜花。生长期应适时浇水，保持土壤湿润，是开好花、长好球的关键。球茎长出 2 片展开叶时，应控制浇水，不宜过多，见干再浇，以促进根系生长。抽芽现蕾开花时期，需水最多，每天或隔天浇一次水。炎热高温时，及时喷雾增湿，降低温度。雨后注意排水，10 月份起停止浇水。施肥要适量，氮肥过多易引起徒长倒状。自花前一般需追施 3 次稀薄液肥，第一次在第 2 枚叶片展开后施用；第二次在孕蕾期(第 4 枚叶片抽出后)；第三次在花穗抽出后。

花谢后再追施 1 ～ 2 次，以磷、钾肥为主，稀薄液肥，以促进新球发育。每半月用 0.1% ～ 0.2%硝酸铵和过磷酸钙浸出液作根外追肥，可增加花朵数量。用于切花，在花序基部 1 ～ 2 朵花初开时剪取。如种球培育，花蕾现色时摘花留下花茎，有利于球茎生长。植株生长 4 ～ 6 片叶时，应置于阳光充足，通风良好处，维持 20℃以上温度，否则不利于开花。栽培过程要经常做好中耕除草工作。唐菖蒲易遭花叶病、球茎腐烂病、干腐病、根癌病及尺蠖、叶蝉、线虫等病虫害为害，发现时要及时防治。

妙用

唐菖蒲在我国是吉祥之花，西方国家是欢乐、喜庆、和睦的象征。是探视病人的理想之花，寓意祝愿早日康复；但唐菖蒲又名剑兰，与“见难”谐音，在我国港澳地区犯忌，不能用以探视病人。它花姿态挺拔，花大色丰，很适于绿化、美化、香化、净化等四化的观赏和环保的花卉，城乡都可以种植，地栽、盆栽均可，布置花境及专类花坛和点缀居室，其对氟化氢十分敏感，可作监测大气中氟化氢的污染指示植物，还具有优良的抗二氧化硫污染能力。球茎可作药用，药名为山黄，性凉、味苦，具有清热解毒、散淤消肿之功，用于治疗痧症、咽喉肿痛、弱症虚热；鲜茎磨成浓汁外擦，可治腮腺炎、疮毒。

89. 常绿祝遐龄——万年青

简介

万年青，别名：红果万年青、冬不凋草、铁扁担、白河车、龙胆草、竹叶兰、铃儿草、白沙草、九节莲、乌木毒等。万年青叶基生质厚硬，披针形或带形，中脉在叶背面隆起，叶面深绿色，叶背浅绿色。夏季花茎自叶丛中抽出，低于叶，矮而粗壮，穗状花序顶生，小花密集多数丛生于顶端，淡绿色；秋季结出橘红色球形浆果，经久不落。花期 5 ～ 6 月，果熟期 9 ～ 11 月。原产于我国西南、华中及华东地区，日本也有分布。常见观赏变种有银边万年青、金边万年青。性喜气候温暖湿润、半阴和通风良好的环境，耐寒性强，可忍耐 −4℃低温，江南地区可露地越冬，北方需要在室内过冬。怕夏季强光直射，宜放在庇荫处，冬季可稍多见光。忌干旱，怕积水受涝。对土质适应性较广，但以富含腐殖质丰富、疏松透水性好的微酸性砂质壤土为好。

养诀

通常采用分株法，也用播种法繁殖。分株法繁殖：多在 2 ～ 3 月结合换盆进行，将丛生植株分为带根的数株，另行栽植。置于背阴处，1 ～ 2 天后浇透水即可。其他季节也可分栽。分后经过 3 ～ 4 年，又可再分。播种法繁殖：浆果成熟后，即可随采随播于苗床沙土或盆播，浇水后暂放遮阴处，保持湿润，在 25 ～ 30℃的条件下，约 25 天发芽。还可用水培法：方便简单。用嫩枝作插穗，切口于其节部 1 厘米以下，且切口要平滑。盆与植株比例为株高 1/3 左右，基质以岩棉、陶粒等。保持 22 ～ 26℃，置于室内阳光充足处，每天换水一次，3 周后即可生根。盆栽万年青盆土用园土 6 份、腐叶土 4 份混均配制，上盆时剔除黄叶，压实后浇透水，置通风阴凉处，20 天后置于通风半阴处。夏季要避免强光直射，否则易造成叶缘和叶尖焦枯，以至整叶发黄，影响生长与观赏效果。冬季室温保持在 10℃以上，置南窗口明亮散光处或客厅摆设。生长期间，春、秋季常保持湿润稍带干即可，浇水不宜过勤过湿。夏季须保持盆土湿润，每天早、晚还应向花盆四周地面洒水，以保持空气湿度，并防花大雨浇淋，尤其开花期不能淋雨，冬季要控制浇水。春、秋季每隔 20 天施一次 20% ～ 30% 腐熟饼肥水或复合肥水，6 ～ 7 月盛花期，每隔 15 天根外追肥一次 0.2% 磷酸二氢钾水溶液，可使叶片更加青翠，果实更加丰满。盆

栽须每年翻盆换土一次，立夏后或早春可进行。注意防治炭疽病、叶斑病、介壳虫等病虫害。

妙用

万年青是我国传统观叶、观果花卉。极适于盆栽供室内、书架、案头、厅堂点缀，或布置会场，还能有效清除三氯乙烯污染，净化室内空气。南方露地栽植庭院中，可与竹、梅、松同植。在新春佳节时相互赠送万年青，寓意吉祥如意，万象更新。生辰寿诞赠送，对年轻朋友寓意永葆青春，对老人和长辈，寓意延年益寿、永葆青春、生活幸福。万年青全草含有万年青甙、皂甙和多种强心甙，有强心肌、清热解毒、利尿、止血功效。但它有毒，药用时一定要在医生的指导下进行。

90. 仙鹤昂首——鹤望兰

简介

鹤望兰，别名：极乐鸟花、天堂鸟花，我国台湾称鸟蕉。鹤望兰叶基生，两侧排列，长椭圆形，大而挺秀，形似美人蕉，具长柄，革质，有沟槽。花茎顶生或生于叶腋，与叶近等长，总苞片绿色，边缘红晕，着花 6 ~ 8 朵，依次开放，外花被橙色，内花被舌状天蓝色，花形奇特。花期春夏至秋，花期可达 3 ~ 4 个月，单花可达 1 个月，1 个花序可开 2 个月。为典型的鸟媒植物，一般需人工授粉后才能正常结实。原产南非高原斜坡地带，现世界上许多亚热带和温带地区均有栽培。鹤望兰属共有 5 种，常见同属观赏种有白花天堂鸟、无叶鹤望兰、大鹤望兰、邱园鹤望兰、考德塔鹤望兰、小叶鹤望兰、金色鹤望兰。喜夏季凉爽而湿润、冬季温暖昼夜温差较大的气候；喜光照，不耐烈日

暴晒，较耐旱，不耐寒，忌水涝。生长适温3～10月18～24℃，10月至翌年3月13～18℃。白天20～22℃、晚间10～13℃，对生长更为有利。冬季温度不低于5℃。对土壤要求不甚严格，以疏松、排水良好和富含腐殖质土壤为好。

养诀

鹤望兰采用分株法繁殖。于春季花谢后（5～6月）结合换盆进行。母株选生长3年以上的具有4个以上芽、总叶片数不少于16枚的植株，且叶片整齐、无病虫害健壮者，采用不保留与保留母株分株法，不保留的适用于地栽，苗过密需进行间苗，将植株整丛挖起，从芽与芽间隙切入口，分成2～3丛，有2～3个芽带不少于3条肉质根，总叶数不少于8～10枚的新株，切口处涂木炭粉或硫黄粉。保留的为地栽苗，生长过旺无需间苗，可不挖母株，直接从母株侧面用利刀劈成几丛（方法同上），盆栽者只从母株剥离少数生长良好的侧株种植。栽后浇水，置阴处，3～4天后再浇水保湿，20天后伤口愈合，转入正常管理。家庭盆栽莳养：盆土用园土4份、泥炭土2份、堆肥土3份、粗沙土1份混均再加入少量骨粉作底肥。盆底孔盖上瓦片以利排水。栽植深度，以根茎与土面平齐为宜。生长期间浇水，应按季节、植株生长情况和土壤干湿程度而定。夏季生长期和秋、冬开花期需充足的水分，早春花后可适当减少浇水。夏季每天浇水一次，早晚用清水喷洒叶面及周围地面，以增加空气湿度。冬季少浇水，盆土偏干为好。施肥应做到“薄肥勤施”。从5月中旬开始，每半个月左右施一次腐熟稀薄液肥，尤其长新叶时要及时施肥，当形成花茎至盛花期时，液肥中可加入0.5%过磷酸钙。入秋后再增施2次磷、钾肥，花后若不留种，应立即剪除花茎。冬季清除断叶和枯叶，保持室温5℃以上越冬，多见阳光。每2～3年应换盆一次，换盆时，应减少浇水，待肉质根失水软化后，剔除烂根、老根，伤口处涂上草木灰或木炭粉再上较深大的盆。栽培时，通风不畅，易罹介壳虫，灰霉病、立枯病，可用40%乐果乳剂1 000倍液和40%甲基托布津喷洒防治。灰霉病，应少喷水，增施磷、钾肥，发病初期每隔10天喷施75%

百菌清可湿性粉剂 500 倍液，连续喷 2 ～ 3 次。细菌性立枯病要重视土壤消毒，栽植不宜太密过深，及时剪除老叶，加强营养。注意通风，提高植株抗病力。

妙用

鹤望兰四季常青、神韵清奇，花期长，是温室中极美丽的观赏花卉，宜作大型名贵观花盆景，是庭园美化的重要花材，及高级切花原料。还能清除空气中的灰尘，净化室内空气。鹤望兰在我国是欢乐、吉祥之花，将它与松枝配合，有松鹤延年，健康长寿之意，是为老人和长辈祝寿用花。在南部非洲，土著黑人的眼中鹤望兰是自由、幸福、吉祥的象征，走亲访友时，常赠鹤望兰，表示良好的祝愿。

91. 花开晓露间——牵牛花

简介

牵牛花，别名：喇叭花、裂叶牵牛、大花牵牛、牵牛子、草金铃、狗耳草、黑丑、白丑等。牵牛花叶互生，近卵状心形，深或浅 3 裂，顶端渐尖，貌似狗耳。花腋生，单一或 2 朵着生于花序梗顶，花梗较叶柄短，花大花冠漏斗状喇叭形，顶端 5 裂，花径 10 厘米，花色有白、粉红、紫红、蓝紫、蓝及复色，多为单瓣。花期 6 ～ 9 月，晨开午谢，延续 2 个月。蒴果近球形，种子黑褐色或米黄色，果期 9 ～ 10 月。原产于亚洲和美洲热带及亚热带地区。我国各地均有栽培。同属植物有 300 多种，栽培观赏的主要品种有裂叶牵牛、圆叶牵牛、三色牵牛、掌叶牵牛、五爪金龙等。性强健，适应性强，喜温湿，好阳光，也耐半阴，不耐寒，生长适温为 15 ～ 30℃。择土不严，耐瘠薄干旱，但在肥沃土壤上生长更

林新华提供

好，能自播繁衍。

养诀

繁殖主要采用播种法。种子采后阴干，袋藏于阴干处。四季均可播种，以春播夏花和秋播春花为主。种子具较硬外壳，发芽慢又直根系，不耐移栽，多行直播。播前温水浸种一昼夜，或刻伤种皮，温度在20～25℃时播种，播后覆土1～2厘米，浇足清水，保持土壤温湿，7～10天即可发芽。也可用压条法繁殖：将藤蔓节芽处压入土中，发根后剪下栽种即可。地栽、盆栽均可。盆土由腐叶土、砂壤土、粗河沙按5：3：2比例混合成，并掺入腐殖有机肥做基肥。播种苗长10厘米左右间苗，每盆2～3株。地栽50厘米种1株。生长季节每半个月施一次腐熟的稀薄液肥，盆土宜保持湿润。地栽要防旱涝，夏季高温，每天浇一次透水。当主蔓长至6片叶时摘心，以促进分枝待侧枝长出缠绕茎时，按其左旋习性，用竹竿与铅丝盘扎成下大上小塔式盘旋架，供攀爬，长至架顶时摘心，侧蔓长六七片叶时摘心，从而使花大花多。孕蕾期间，每月叶面喷次0.2%的磷酸二氢钾，促使多孕蕾，花多而艳丽。开花期间，要不断摘除已凋谢的残花，不让其结子，可保持花开接连不断。如盆栽不让爬蔓，当苗5～6片叶时移栽于简盆，随即摘心，促发2～3个健壮侧芽，其余抹掉。侧芽伸蔓时，留2～3片叶去尖，这样一次可开花10朵左右。花谢后，及时摘掉，促其侧枝再发新芽酌留几个，多余抹去，仍照前法摘心，可保持株形丰满成丛，连续开花。牵牛花易发生白粉病、叶斑病，注意及时防治。

林新华提供

妙用

牵牛花被广泛应用于庭院景观中，是篱垣棚架垂直绿化的良好材料。居家庭院周围，亭廊、花架，窗台、阳台、晒台、屋顶的装饰，让它们顺墙或顺架攀附，可形成一道绿色的凉棚，能有效减少阳光辐射，降低室内温度；且所分泌出来的杀菌素能够杀死空气中的某些细菌，能抑制白喉、结核、痢疾病原体和伤寒病菌的生长，保持室内空气的清洁，又能对空气中的烟雾污染，如二氧化硫有较强的监测作用。牵牛花全草可入药，以种子为主。种子的中药名为牵牛子、黑丑、白丑。具有泻下、利尿、消肿、驱虫之功。因毒性强，尤以种子更烈，应在医生的指导下服用，孕妇忌服。防止小孩误食种子。

92. 东方文化象征——竹

简介

竹，无主根，为须根系；茎无形成层，无增粗生长；叶为平行脉或弧形脉，有叶柄；地下茎俗称竹鞭，其节上生芽，长大出土称竹笋；笋发育成竿，具明显节和节间，节间常中空，少数实生；节部有 2 环，其上生芽，芽萌发成枝，分枝 1 至数个。花由鳞被、雌、雄蕊组成多呈复花序。花期 4 ~ 5 月至 9 ~ 10 月。果实多为颖果，少数为坚果。竹类一生中，大部分时间为营养生长阶段，一旦开花结实后，营养生长结束，株丛枯死而完成一个生活周期。全世界竹类植物共有 70 多属，约 1 000 种，我国是世界上最主要产竹国，种类、面积、蓄积量及竹材、竹笋产量都居世界首位，素以“竹文化国度”享誉世界。竹类种类繁多，大多供庭园观赏。常见栽培观赏竹有散生型的紫竹、毛竹、桂竹、方竹等；丛生型的佛肚竹、孝顺竹等；混生型的箬竹，茶秆竹等。喜光、耐阴，喜温暖、湿润的气候。竹子对水分的要求高于对气温和土壤要求，不耐干旱和盐碱，需充足水分，又要排水良好，忌渍水，怕水涝。要求土层深厚、疏松肥沃的微酸性或酸性红黄壤、黄壤或黄棕壤。抗污染耐酸雨能力强。

养诀

竹子的种子不易得到，多采用无性繁殖。不同类型的竹种，繁殖方法不同。丛生

竹的竹蔸、竹枝、竹竿的芽，均具有繁殖能力，可采用移竹、埋蔸、埋竿、插枝等方法繁殖；而散生竹类的竹竿和枝条没有繁殖能力，只有竹蔸上的芽才能发育成竹鞭和竹子，常采用移竹、移鞭等方法繁殖。

散生竹类繁殖：①分株繁殖：于 9 ~ 11 月或春季新叶长出前，选 1 ~ 3 年生长健壮，竿形矮小、分枝点低，无病虫害、带有鲜黄竹鞭、鞭芽饱满、胸径不太粗的母竹进行分株。按距母竹 30 ~ 40 厘米处截断竹鞭。挖时不能摇动竹竿，截去上部竹竿，留 5 ~ 7 个竹枝，即栽植，入土深度比母竹原处稍深 3 ~ 5 厘米，栽后及时浇水、覆草立支架。②移鞭繁殖：选 2 ~ 4 年生健壮竹鞭，于 2 ~ 3 月或秋分前，将竹鞭掘取，选鞭粗、鞭上侧芽饱满，根系发达，切成二三节（带二三个壮芽）一段，多带宿土，保护好根芽，将鞭段平放穴中，覆土 10 ~ 15 厘米，浇透水，稻草覆盖。秋分埋下根鞭，当年长新根，翌年才出苗，培育两年即可出圃。③实生苗繁殖：采收成熟种子，当年播种，隔年陈种丧失发芽力。萌发竹苗，其生活力和抗逆性都比无性繁殖的竹苗强，有利“南竹北移”需求。

丛生及混生竹繁殖：①移竹法（分蔸栽植）选 1 ~ 2 年生生长旺盛竹竿，离其竿 25 ~ 30 厘米外围，扒开土壤，找出竿柄，利凿切断，边蔸带土掘起，小型竹类可 3 ~ 5 竿成丛挖起，留 2 ~ 3 盘枝，从节间斜形切断植于穴中。②埋蔸、埋竿、埋节法，选强壮的竹蔸，其上留竹竿长 30 ~ 40 厘米，斜埋于植穴中，覆土 15 ~ 20 厘米。在埋蔸时截下的竹竿，剪去各节的侧枝，仅留主枝 1 ~ 2 节，作为埋竿或埋节材料，埋时沟深 20 ~ 30 厘米，节上芽向两侧，竿基部略低，梢部略高，微斜卧沟中，覆土 10 ~ 15 厘米，略高于地面，盖草保湿。“种竹无时，雨后便移”,以竹笋出土前 20 ~ 30 天是栽竹好时机,成活率较高。栽时应“深挖穴”,穴应大于母竹或竹苗根蔸 50%以上，一般 50 ~ 70 厘米，深 30 厘米左右，穴施腐熟土杂肥,每穴 15 ~ 25 千克；“浅栽竹”植深 30 ~ 40 厘米；“下拥紧(土)”,“上松盖（土)”。母竹于地面倾斜 45 ~ 60 度植于穴中，马耳形切口向上，母竹竿的两侧芽眼都应倾向水平位置，覆土深度比母竹原入土部分稍深 3 ~ 5 厘米。生长季节宜施速效化肥，冬季宜施腐熟人粪尿、厩肥等。施肥方式可用铺、沟施或穴施相结合的方法。成片竹林劈山抚育，夏季结合清除林内杂草；老竹园每隔数年清园 1 次，挖除老蔸，亦要合理砍伐，适时采收。采伐年龄毛竹 6 ~ 7 年，中小型竹 4 年左右。采收竹笋以笋箨箨叶开始裂开，笋尖露出地表 20 ~ 30 厘米，即可采收，注意不伤鞭，不伤笋。

妙用

竹类已在我国庭园中被广泛应用。在园林造景应用上，可依竹的特性和环境与选景的要求，或丛植，或片植，或行植，或盆栽无不相宜。既营造幽静美好环境，还可挡风避寒、消声滞尘、净化空气、吸收有害气体。竹又是重要林业资源，被誉为“第二森”。它具有加工容易、收缩性小、高度刈裂性、弹性好，性能稳定，抗性强度大，被广泛应用于建筑、交通、生活日用品、劳动工具、造纸、制作精美竹器、竹雕、乐器、花架和屏风等工艺品和装饰材料。入药有清凉解毒，消咳止疾。经研制的竹沥、竹茹、天竺黄等有多种药效功能。竹根补心血、止渴下乳，也作艺术根雕；竹子种实，俗称“竹米”可食用、酿酒。

93. 临窗纳荫凉——爬山虎

简介

爬山虎，别名：爬墙虎、地锦、假葡萄、捆石龙、枫藤、小虫儿卧草、红丝草、趴山虎、血见愁等。爬山虎叶互生，心脏形或广卵形，基部心形，边缘有粗锯齿，秋后呈红色或黄色或红褐不等。花两性，为聚伞花序，常着生于两叶间的短枝上，花小，黄绿色。浆果小球形，熟透时蓝黑色。花期 6 ~ 7 月，果熟期 9 ~ 10 月。原产于我国，大部分省市都有分布与栽培。现已成为世界各国优良的垂直绿化材料。全球有 15 种，我国有 9 个野生种和 1 个栽培种。本属在我国常见的有花叶爬山虎（又称川鄂爬山虎）与五叶爬山虎（又叫美国地锦）2 种。性喜阴湿环境，适应性强，不畏烈日、耐寒、耐旱、耐贫瘠、耐修剪、抗风力强，怕久涝；对土壤要求不严，在碱性或酸性土壤中都能生长，最宜在阴湿、肥沃的

土壤中生长。生长快，一般年生长长度2～4米，叶面积大，寿命长，可达20～30年。

养诀

用扦插、压条和种子等法繁殖。播种法繁殖：采收后的种子搓去果皮、果肉，洗净风干。播种前1～2个月，冷水浸种2～3小时，混湿沙2～3倍储藏冷室内，翌春3月露地条播，每平方米播种量10～15克，覆土厚度1.0～1.5厘米，薄膜覆盖遮阴，发芽率88%～98%，当年幼苗可长到40～50厘米，第二年春季进行移栽。扦插法繁殖：硬枝插于3～4月露地进行，插穗长10～15厘米，具2～3个芽；嫩枝插于夏季进行，取当年生嫩枝带叶扦插。插后注意遮阴、浇水、养护，成活率高，应用广泛。压条法繁殖：成活率高，于春、夏、秋季均可进行，以雨季阴湿天为最好，将老株枝条弯曲埋入2～3个节于土中。第二年春，切离母体，另行栽植。用于城市绿化栽培有地栽与盆栽。地下栽植：早春萌芽前，裸根沿建筑物的四周或高墙下栽种。栽时深翻土，施足腐熟基肥，株距1米左右，每穴1株，填土踏实，浇透水。当苗高1米时，即用绳子、铅丝牵向攀附物，并常锄草、松土、注意灌水，防积水。当年应追肥1～2次，使之尽快沿墙吸附而上。2～3年就可布满壁面，之后凭其自然生长。老藤或过密枝蔓可疏去部分，冬季剪除枯枝和病残叶片。如墙面光滑新梢又爬不上墙可用以下方法：①拉丝法：将细铅丝从墙顶垂直拉到

墙底，两端固定。②钉条法：用木条或细竹竿，垂直钉在墙上。③黏附法：用封口胶纸，将新梢理顺粘贴于墙面上。

妙用

爬山虎与其他绿化植物相比，具有四大独特优势，吸附攀绿能力非常强；生命力（适应性与抗逆性）相当顽强；生长速度快，每年枝长可增长 2 ～ 3 米；覆盖与绿化效果非常显著。因此，广泛栽植爬山虎，既不占或少占土地，又可加快绿化速度，改善居住环境，且生长快，病虫害少，是观赏性和实用功能俱佳的攀缘植物。据测试表明，爬山虎夏季能降低外墙面平均温度 3.7℃，降低室内温度 2.6 ～ 7℃，增大室内平均相对湿度 5% ～ 10%。此外能强烈吸尘、滞尘、抗二氧化硫、氯气、氯化氢等有毒气体，很适于工矿区、精密仪器厂区及学校、医院的墙面，可以有效改善污染区环境，还可减噪 20 ～ 30 分贝。根茎可入药，是中国传统中药，有祛风活血、止血止痛的功能。主治产后凝血、腹中包块、赤白带下、风湿、偏头疼、消肿等症；果实可酿酒；种子含油率高达 28%，含软脂酸、硬脂酸、油酸、棕榈酸等重要化合物。

94. 独遗春光——长春花

简介

长春花，别名：五瓣梅、五瓣莲、长春花、日日春、日日新、日日有、四时春、四时青、雁来红、四季梅、时钟花、日月草等。长春花叶对生，长椭圆形或倒卵状矩圆形，全绿、光滑、主脉白色明显。聚伞花序顶生或腋生，有花 2 ～ 3 朵。花冠呈高脚碟形，花瓣 5 裂，倒卵形，花色有红色、蔷薇红、粉红、紫红、白色、纯白，或白色红心，喉部具红黄斑等。盛花期8月至霜降。在华南地区终年开花。原产南亚、非洲东部及美洲热带。我国南方也有野生，现国内广泛栽培。海南省是长春花主产区。常见品种有杏喜、蓝珍珠、冰箱系列；热浪、兰花、热情、太平洋系列；小不点、小白、琳达、亮眼等系列。新品种有阳台紫、樱桃吻、加勒比紫。我国的海南、广东、广西、云南等省区培育了许多长春花新品种用于盆栽，如热浪系列等。性喜温暖，稍干燥和阳光充足的环境，不耐寒，略耐阴，较耐旱，忌湿怕涝，生育适温20～35℃，冬季温度不低于10℃。适宜肥沃、排水良好的砂质壤土，也耐瘠薄土壤，但忌盐碱土壤、通气性差的黏质土壤。

养诀

常用播种、扦插和组织培养等方法繁殖。以播种繁殖为主。播种时间以春、夏、秋三季为佳。采用露地育苗。基质用泥炭3份、珍珠岩1份配制，或用腐叶土经500～600倍多菌液消毒，做成1.2米宽的高畦采用撒播法播种，覆土要薄，细喷壶浇足水，保持湿润。盖上薄膜和草帘，种子发芽适温20～25℃，8天左右出苗，可撤去薄膜或草帘，逐步加强光照。苗期随温度升高而较快，需间苗及每周喷洒一次800倍百菌清或甲基托布津，连续喷2～3次，以预防猝倒病。苗高5厘米、3对真叶时可盆栽。扦插繁殖：春季或初夏剪取嫩枝，长8～10厘米，剪去下部叶留顶端2～3对叶，插入沙床或腐叶土中，保持土壤稍湿润，室温20～24℃，插后15～20天生根。组培繁殖：采用茎尖作外植体，消毒后剪成0.4～0.6厘米数段，接种培养基中经培养成为完整植株。盆栽宜用含腐殖质丰富的疏松土壤。幼苗3对真叶移栽10厘米盆，每盆3株。苗高7～8厘米时摘心一次，以后再进行2次，促使多萌发分枝多开花。生长期间必须有充足的光照，盆土要保持湿润，防止过湿或过干，忌积水，相对湿度60%～80%为宜。露地栽培，盛夏阵雨，注意及时排水，以免受涝成片死亡。冬季移入室内应控水，以干燥为好，室温需在5℃以上。每月需施一次稀薄腐熟液肥，进入果熟期不要施肥。在孕蕾期增施0.2%的磷酸二氢钾。花期随时摘除残花，以免残花发霉影响生长和观赏效果。8～10月为采种期，应随熟随采，以免种子散失。莳养中常见叶腐病、锈病和根疣线虫为害，注意及时防治。

妙用

长春花广泛地应用于庭院和园林中，是花坛、花境的景观良材。可按花色的不同或高性和矮性组成模纹花坛，或三五成丛点缀于岩石园或以自然式布置于花境中。还可作为地下的地被植物，成片栽培，也宜作为公路旁的绿化带，可防水土流失，可绿化、美化环境；还适于盆栽，布置在阳台、窗口、书房、卧室、厅堂等处。长春花全株可入药，具有镇静安神、平肝降血压等功效。

95. 先白后黄——金银花

简介

金银花，别名：双花、二宝花、忍冬花、金钗股、金银藤、鹭鸶藤、老翁须、左缠藤、通灵草、鸳鸯花等。金银花单叶对生，卵圆形或长卵圆形，全缘，入冬叶变紫红色。花成对腋生，筒状花，芳香，花先白后黄。浆果球形，成熟时黑色带有光泽。花期4～7月，果期10～11月。是我国特有的一种园林植物，多野生于丘陵、山谷灌丛和疏林中、乱石堆、路旁沟旁、庭院前后及村庄篱笆边，也有人工栽培。主产河南、山东、陕西、湖北、广西等省区。以河南新密市的“密银花”和山东平邑的“东银花”最著名，质量最佳。常见园艺上主要栽培变种有红金银花、白金银花、黄脉金银花、

紫脉金银花和四季金银花。其适应性强，喜阳，耐阴，耐寒，耐旱和水涝。对土壤要求不严，酸碱土壤均能适应，pH 5.5 ～ 7.8 都可以生长，但以湿润、疏松、肥沃、深厚砂质壤土生长最佳。每年春、夏季两次发梢，根系繁密发达，萌蘖性强，茎蔓着地即能生根。

养诀

主要采用分株、压条和扦插法繁殖。分株繁殖：秋末冬初或春季进行，以春季分栽成活率高。将母株周围萌蘖幼苗连根带土挖出，即可定植，栽后压实，浇足水。压条繁殖；于 5 ～ 9 月选取长藤条，埋入土中 10 ～ 15 厘米深，保持土壤湿润，半月后即可生根，翌春与母株割离出的压条苗即可分栽定植。扦插繁殖：于 6 月中下旬取当年充实半木质化枝条作扦插穗，长 15 ～ 20 厘米，插入经理顺的砂壤土苗床，扦插规格为 8 厘米 ×8 厘米，深度为插穗 2/3 左右。插后浇透水，适当遮阴，常保持苗床湿润。1 个月后生根，翌年可取苗定植。移栽宜在春季，选 2 ～ 3 年壮苗，每 2 ～ 3 株 1 丛，植于穴宽 40 ～ 50 厘米、深 30 ～ 40 厘米，施腐殖有机肥作基肥，盖层细土，踩实浇透定根水，以后 7 ～ 10 天浇水 1 次，连续浇 3 次，以确保移栽成活。栽后用木桩或竹竿插立旁边，助其攀缘。种植于地被或灌木植物旁边时，可不设助其攀缘物体。生长期间，每年可施 2 次肥，春季花开前施催芽肥，追施稀薄速效磷酸二氨、尿素，施后即浇透水；另一次在初冬，追施腐熟有机肥，结合浇封冻水。冬末初春，应适量修剪，将老弱干枝、沿地蔓生和过密的重叠枝、交叉枝及徒长枝全部剪掉，利于翌年腋芽萌发。养护中防止蚜虫为害。4 ～ 5 月是危害最烈，导致叶和花蕾卷缩，生长停滞。防治方法：新叶萌发前，蚜虫尚未出现时，喷一次石灰硫黄合剂；清明、谷雨前后，各喷一次 80%乳剂 2 000 倍液敌敌畏。

妙用

金银花适于篱墙、门架、花架、花廊的绿化配植，或在假山、岩坡隙缝间点缀。

置于楼前、厅堂、书房，花期芳香四溢，非常宜人。也可作树坑覆盖植物及地被植物和庭院、阳台盆栽。其花是蜜源植物，蜜蜂所采蜜为金银花蜜，是高级营养食品。全草可入药，有清热解毒、疏散风热，通筋活络，凉血止痢。银花含有挥发性油类，具显著杀菌消毒功能，对大气中的氟化氢、二氧化碳等有害气体有较强的抗性。

96. 废气过滤器——白鹤芋

简介

白鹤芋，别名：苞叶芋、异柄白鹤芋、琶叶芋、银苞芋等。白鹤芋叶基生，长椭圆状披针形，两端渐尖、叶脉明显、叶柄长、基部呈鞘状。花葶直立，高出叶丛，佛焰苞直立向上，稍卷，白色，肉穗花序圆柱状，白色。花期春、夏两季。原产于热带美洲和东南亚。我国于 80 年代末才引种小规模生产，至今南方各省和全国大城市已大量繁殖种养。常见同属观赏种有匙状白鹤芋、多花白鹤芋、佩蒂尼白鹤芋。性喜高温、高湿和半阴环境，不耐寒，但耐夏季暑热，耐阴性强，夏季需半阴，空气湿度保持 50%以上，生长适温 22 ～ 28℃，3 ～ 9 月为 24 ～ 30℃，9 月至翌年 3 月 18 ～ 21℃，冬季温度不低于 14℃。温度低于 10℃时，叶片易受冻害。对土壤无严格要求，宜以肥沃、湿润的砂质壤土生长最佳。

养诀

常用分株、播种和组织培养法繁殖。分株繁殖：于 5 ～ 6 月结合换盆，将整株从盆内托出，从株丛基部将根茎切开，每丛至少有 3 ～ 4 枚叶片，并尽量多带些须根，分栽后置于半阴处恢复。播种繁殖：开花后经人工授粉，可以得到种子。采种后需立即播种，发芽温度为 30℃，播种 10 ～ 15 天发芽。组培繁殖：以幼嫩花序和侧芽为外植体，经消毒后接种在培养基上，直至成为完整植株。白鹤芋的盆栽用土以腐叶土、泥炭土和粗沙混合，再加少量过磷酸钙。常

用15～19厘米盆。生长期常浇水，保持盆土湿润。浇水要浇透，可采用保湿法：套个大盆，盆中放入湿苔藓；或在口径大些的浅盆中放入小卵石等，将花盆放在上面，盆中浇水不要没过卵石。夏季干旱季节应常用细眼喷雾器往叶面上喷水，并向植株周围地面洒水，以保持空气湿润。冬季要控制浇水，以盆土微湿为宜。每月宜施1～2次稀薄饼肥水，或复合花肥，或将颗粒肥埋于土中，有利生长健壮，开花多，花期长。同时采用周期性喷施硫酸镁、硝酸镁等，为植株补充镁，以防新叶枯黄。北方冬季温度低，应停止施肥。白鹤芋对光线要求不严，只要有60%左右的散射光即可满足其生长需要，但忌强光直射，夏季应遮去60%～70%的阳光。北方冬季温室栽培可不遮光或少遮光。冬天室内温度需保持在15℃以上，才能免受寒冻伤害。白鹤芋萌蘖力较强，每年早春新芽大量萌发前要换盆一次，去掉部分宿土，注意修根和剪除枯萎叶片，添加新的培养土并栽植在大一号的盆中，以利根系发育。养护中常见细菌性叶斑病、褐斑病和炭疽病危害叶片，可用50%多菌灵可湿性粉剂500倍液喷洒。另有根腐病和基腐病发生，除注意通风和减少湿度外，用75%百菌清可湿性粉剂800倍液防治。有时发生甲壳虫和红蜘蛛为害，用50%马拉松乳油1 500倍液喷杀防治。

妙用

白鹤芋宜作大中型盆栽，点缀客厅、书房，列放于宾馆大堂、会场前沿、商厦橱窗等。其花是极好的花篮和插花的装饰材料。它能吸收、分解、过滤空气中的苯、氨气等，还能净化因复印机、传真机和静电式空气清净机而产生的臭氧，

摆放在厨房，可以去除做饭的味道、油烟以及挥发性物质。又因叶片较大，水分蒸发较快，可增加空气湿度。

购买白鹤芋时应选择株型紧凑、丰满、叶片挺拔、叶色浓绝、光泽度好的植株，而叶片萎蔫的植株则不宜购买，因为这种植株根系不好，买回家后轻者生长停止，降低观赏性，重者还会死亡。购买时还应根据摆放位置，挑选相应的大小植株，以达到最佳的装饰效果。

97. 健康快乐——长寿花

简介

长寿花，别名：寿星花、圣诞伽蓝菜、矮生伽蓝菜、日本海棠、燕子海棠、假川莲、月兔耳、高凉菜等。长寿花叶肉质交互对生，椭圆状长圆形，深绿色有光泽，叶缘具波状齿，边略带红色。圆锥状聚伞花序，花多数，花色绯红、黄、白、桃红、橙红、大红等色，花朵较小，排列细密簇拥成团。花期 1 ~ 4 月。原产于非洲马达加斯加的热带地区。我国 20 世纪 30 年代引种作为多浆植物栽培，数量很少。长寿花有高性和矮性之分，高性种叶片较大，矮性种叶小而密。常见品种有卡罗琳、西莫内、内撒利、阿朱诺、米兰达、块金系列、武尔肯、萨姆巴、知觉和科罗纳多等流行品种。同属观赏种有玉吊钟、褐斑伽蓝和棒状落地生根等。喜温暖、稍湿润和阳光充足环境。不耐寒，冬季温度不得低于 5℃，偏低，叶片发红，花期推迟。生长适温 15 ~ 25℃。夏季处半休眠状态，忌高温，超过 30℃，生长迟缓，需要适当的遮阳，以保持凉爽、通风利于越夏。性强健，耐干旱，怕水涝，在空气干燥及阳光充足的条件下，生长良好。也耐半阴或有散射光 60% ~ 70% 均理想。对土壤要求不严，宜生于肥沃疏松、排水良好的微酸性砂质壤土。长寿花为短日照植物，对光周期反应比较敏感。生长发育好的植株，给予短日照（每天光照 8 ~ 9 小时）处理 3 ~ 4

王远提供

周即可出现花蕾开花。

养诀

多用扦插法繁殖，于春、秋两季选成熟粗壮的肉质茎，由顶端往下剪取 5 ～ 6 厘米长带 2 对以上叶片，插于沙床中，浇水后薄膜盖上，保持土壤和空气湿度，在 20 ～ 30℃的条件下，插后 10 ～ 15 天即生根。家庭可选 10 厘米小盆，呈三角形插 3 棵，成活率极高。还可叶片扦插，将健壮充实的叶片从叶柄处剪下，待切口稍干后，斜插盆土中，2 ～ 3 天喷一次水，保持盆土半干燥，15 ～ 20 天叶柄切口处可发根，并展出新植株，发根后即可上盆栽植。又可组织培养繁殖。盆栽可用腐叶土与菜园土等量混合加少量沙或用泥炭 4 份、园土 4 份、珍珠岩 2 份作培养土，另加少量骨粉，或氮磷钾复合肥。盆底放层碎硬塑料泡沫块，栽植不可过深。盆栽后，在稍湿润环境下生长较旺盛，每隔 3 ～ 5 天浇水一次。注意尽量别把水洒到叶片上，以免叶片上留下水渍影响美观。盛夏、冬季低温和雨季要控制浇水，保持盆土稍干燥为宜，并注意通风，以免引起烂根。盛夏午间应放置阴凉处，冬季务必置于朝南向阳的室内，经常调整花盆采光方向，以使植株均匀受光，生长均称。晚间温度需保持在 10℃以上，白天控制在 15 ～ 18℃。生长期间每隔半月施一次腐熟的有机液肥。结合摘心和除萌 1 ～ 2 次，控制植株高度，促使多分枝，多开花。秋季花芽形成后，应补施 1 ～ 2 次磷、钾肥，花后进行整枝修剪。每年春季花谢后，需换盆一次，添新的培养土。主要病害有白粉病和叶枯病。可用 65%代森锌可湿性粉剂 600 倍液喷洒。虫害有甲壳虫和蚜虫为害叶片和嫩梢，可用 40%乐果乳油 1 000 倍液喷杀防治。

妙用

长寿花顾名思义，花朵寿命长，是佳节馈赠亲朋好友的时尚礼品，尤其是老人生日过寿诞时，带去一盆长寿花，寓意大吉大利，长命百岁。花期长达两三个月，盛花期正逢圣诞、元旦和春节，是冬、春季理想的盆栽花盆。还能吸收大量一氧化碳、二氧化碳等有害气体，净化室内空气能力特别强。使室内空气中负离子浓度增加，对人的健康有益。全草可入药，性微凉，有解毒、活血、散淤功能，外用主治跌打损伤等。

购买长寿花过新年，选已开过 1/3 的花色鲜丽、花朵茂密、数量多且无凋谢、花茎分枝多、叶片鲜绿茂盛，无病害，植株健壮，株型紧密壮硕的花卉。

98. 华贵观叶树——橡皮树

简介

橡皮树，别名：缅树、印度胶树、印度榕、印度橡皮树、胶皮树等。橡皮树全株树皮光滑，老树较粗糙，略带灰白色，有汁液。近地面节部，长多数气生根。叶片大且长柄，幼叶内卷，厚革质，有光泽，矩圆至长椭圆形。叶面暗绿色，叶背浅绿色；幼芽红色，具苞片；托叶红褐色，初期包于顶芽外，新叶展开后托叶脱落，并在枝条留有托叶痕。花细小，白色，盆栽多不开花，花被包在球形中空的囊状花托内。原产于热带的印度、缅甸、马来西亚等，以印度产量多。因树内的白乳汁中含有橡胶，曾是制作橡胶的主要原料树种，后来才逐渐成为著名观叶树种。常见品种有：金边橡皮树、花叶橡皮树，白斑橡皮树、红苞橡皮树、黄斑橡皮树、丽苞橡皮树、美叶橡皮树、金星宽叶橡皮树，及近年新品种黑金刚（我国叫红关公）。我国很早已引种栽培，目前，各大城市绿化、盆栽极为广泛。喜温暖湿润、阳光充足环境，亦能耐阴，但不耐寒，冬季温度低于 5 ~ 8℃时易受冻害。不择土壤，耐贫瘠，稍耐干燥。在中性或偏酸性的肥沃、疏松土壤中生长良好。适温 20 ~ 25℃。生长快，耐修剪。

养诀

通常用扦插法繁殖。扦插繁殖：于4～9月最好。春、夏季插穗宜选2年生健壮上、中部枝条；秋季插穗宜选当年生半木质化中部的枝条。插穗的长度以保留3个芽为准，剪去下面的1个叶片，以减少蒸发。剪口汁液及时用胶泥或草木灰封口，防止汁液外溢过多而降低成活率。然后扦插在素沙土或蛭石为基质的插床上，插深3～4厘米。插后保持湿润，但不要积水，常向地面洒水以提高空气湿度，并做好遮阴和通风工作。在18～25℃条件下，约30天后生根，50天后可上盆。家庭栽培采用高枝压条法繁殖较方便，成功率也高。方法：选2年生健壮枝条，环剥1～1.5厘米宽，用潮湿的苔藓、泥炭土等包在伤口周围，薄膜包紧，上下两端捆扎紧，1～2月后，即可将生根的枝条剪下盆栽。盆土用2份腐叶土或泥炭土、2份园土和1份河沙混均，另加少量骨粉或饼肥渣、草木灰作基肥。幼苗每年春季换盆；成年植株每2～3年换盆一次。换盆时剪去卷曲老根，并添加新的腐殖土和基肥，仍栽入原来盆内，将植株控制在1.5～2米，5～7年生的成年植株最好移栽在木桶中，以后一般不再更换。橡皮树喜肥喜水，生长旺盛期每月施1～2次腐熟饼肥水或复合肥，平时保持盆土湿润，梅雨季节应及时排除积水，夏季早晚各浇一次水，并向枝叶喷水，还要防阳光暴晒，应移至遮阴处或室内半阴通风处。入秋之后减少浇水，停止施肥，冬季要控制浇水，盆土稍干为好。10月下旬入室，越冬室温宜保持在10℃以上；春季出房不宜太早，以4月中下旬为宜，出房后防止冷风吹袭和雨淋。幼苗长到50～80厘米时于早春打顶，促进侧枝萌发，选留3～5个侧枝，以后每年对侧枝截短一次，让侧枝上再生新枝。经过修剪整形，3年即可长成2米高的株形完整、丰满的大型植株。每次修剪后应立即用胶泥将切口封住或涂上木炭粉，以免因汁液流出过多失水枯死。橡皮树生

性健壮，抗病力较强，若养护不当，缺营养，易患炭疽病和灰斑病，应及时摘除病叶，发病初期喷洒70%甲基托布津或50%多菌灵1 000倍液。

妙用

橡皮树叶片肥厚、宽大美观且有光泽。可在厅堂、室内、门前等处盆花布置；园林中多栽入木桶内，放置大型建筑大门两侧及大堂中央，或庭院和路边等地，其伞形巨大树冠显得雄伟壮观，又可为人遮阴纳凉。还可作切叶与大型花朵相配用效果颇佳。橡皮树有去除净化挥发性有机物中的甲醛等有害气体的能力，对空气中的一氧化碳、二氧化碳、氟化氢等有害气体有一定抗性，还能消除可吸入颗粒物的污染，对室内灰尘能起到有效的滞尘作用，能净化家庭空气，宜作为大气污染地区园林绿化树木。新鲜的树胶也是一味药材，其性酸、苦、涩、凉，可外用止血。

99. 形如绣球——万寿菊

简介

万寿菊，别名：臭芙蓉、臭菊、万寿灯、蜂窝菊、蝎子菊、大芙蓉、千寿菊、万盏菊、孔雀草等。万寿菊叶对生或互生，羽状全裂，裂片披针形，叶缘有细锯齿，叶缘背面有明显的油腺点和刺鼻的臭味。头状花序，单生于枝顶，有长总柄，中空，近花序处膨大，舌状花瓣上有爪，缘波状皱，花色有乳白、黄、橙黄、橘红及复色等；按植株高度可分为高型、中型、矮性；按花型有单瓣、重瓣、托桂、绣球等。花期6～10月。原产墨西哥、中美洲一带。我国早有引种栽培，在《植物名实图考》都有记载。现我国各地和世界都广泛栽培。常见万寿菊园艺品种有：帝印、丽金、四季、印卡、发现、安提瓜、万

夏、奇迹、丰富等。万寿菊为相对短日照植物。性喜阳光和温暖湿润的环境，耐干旱，耐凉爽和半阴，不耐寒，不喜酷暑。生长适温 10 ～ 20℃，其开花早，植株矮小。冬季温度不低于 5℃，最高温度以不超过 30℃为宜。30℃以上时则开花延迟且花朵少，部分品种甚至不开花，在多湿酷暑的气候条件下生长不良，特别是夏季水分过多，茎叶生长旺盛，影响株形和开花。生长健壮耐移植，抗逆性强，能抗早霜危害。对土壤要求不严，但以肥沃、疏松、排水性好的砂质壤土生长良好。

李文宾提供

养诀

万寿菊播种、扦插繁殖均可。播种繁殖：种子应选取秋季开花结出新鲜具光泽的饱满种子。发芽适温 20 ～ 25℃，于 3 ～ 4 月播于温床或穴盘。播前浸种 3 ～ 4 小时，水温 35 ～ 40℃，控干水即播，4 ～ 5 天即可发芽。真叶 2 ～ 3 片进行移植，苗高 15 厘米摘心促分枝，5 月下旬即可上盆或露地栽培。一般自播种到开花 70 ～ 80 天。也可夏播，以满足国庆期间的使用。夏播一般 50 ～ 60 天即可开花。扦插繁殖：于 5 ～ 6 月选生长健壮、无病虫害的嫩枝，长 10 厘米作插穗，用细木棒打孔，扦插于露地荫棚插床中，保持土壤和空气湿度，2 周左右生根，3 周后出圃，35 ～ 42 天开花。其生长时间短，植株较矮就能开花，花期又易控制，很适宜花坛、花境等布置应用。万寿菊的莳养较简单，移栽后极易成活。可盆栽和露地栽培。盆土用 7 份腐叶土拌 3 份粗砂，选用中型花盆，盆内施有机肥作基肥，每盆栽 3 株。浇足水，置阴处。5 ～ 6 天后放置在阳光充足处。苗高 15 厘米可摘心促分枝；生长期每半月施一次稀薄有机液肥或氮、磷、钾复合液肥，进入花期不必施肥。夏季高温干旱时，注意浇水和通风，保持盆土湿润即可。露地栽培定植时应施用基肥，一般生长期内不再追肥，于花前半个月追施一次稀薄腐殖有机液肥，出现花蕾，用 0.2%磷酸二氢钾叶面喷雾，促使开花整齐。高型品种当株高 20 厘米出现少量分枝，结合中耕培土，防后期发生倒伏，并酌情立支柱，还应于盛花期后将枝条剪短、摘除残花、疏剪枯老、过密的茎叶，并追施稀薄的液肥，添加适量磷、钾肥。雨季注意排水防涝，干旱要及时灌水。高温干燥易发生红蜘蛛为害叶片，宜喷洒 1 000 ～ 1 500 倍净叶宝或 50%马拉硫磷乳油 1 000 倍液。夏季多发生枯萎病，又称菊花立枯病。及时拔掉病株深埋，发病初期用 48%可杀得 1 000 倍液或 50%多菌灵或 50%代森锰锌 1 000 倍喷洒，7 ～ 10 天一次。斑枯病，又称黑斑病、褐斑病，高温多雨易发生。避免连作，控制栽植密度，发病初期喷 50%甲基硫菌灵 800 倍液，或可杀得 1 000 倍液。

妙用

万寿菊花常用来点缀园林、庭院草地边缘、树群四周、围墙旁边及花圃造景等。万寿菊对空气中的二氧化硫、氟化氢、氯气、乙醇、铅、一氧化碳，以及家用电器、装饰材料和塑料制品等物品中释放出的有害气体，具有很强的抗性和吸收功能，也能吸收一定量的铝蒸气，是一种较好监测环境污染的花卉，更是工矿区抗污花卉。万寿菊花、叶、根均可药用。花有平肝清热、祛风化痰功效；叶有消炎作用；根有解毒消肿功效。花可食，在欧美多数国家盛行以万寿菊花朵为蔬菜，如做色拉菜生食，也可做汤，还可提炼天然食用色素，为黄色着色剂，应用于冷饮、糕点和油脂食品的着色。

100. 废墟上的奇迹——芦荟

简介

芦荟，别名：象胆、龙角、狼牙掌、斑叶芦荟、西非芦荟、象鼻草、蜈蚣掌、草芦荟、劳伟、奴荟等。芦荟叶基生，肥厚多汁，呈莲座状簇生茎顶，狭长披针形，有白色斑纹，边缘有尖齿状刺。总状花序腋生，花葶高 60 ～ 90 厘米，疏离的小花密集，花橙黄色并带有红色或紫色斑点，花被筒状，雄蕊6枚，蒴果三角形。花期春、夏季。原产于非洲南部、地中海、印度等地；我国云南南部的元江地区有野生种分布。常生长在滨海沙地和岩石缝隙中。芦荟属有290多种，常见作为花卉栽培的有：木剑芦荟、珍珠芦荟、多刺芦荟、花叶芦荟、库拉索芦荟、日本芦荟、好望角芦荟、元江芦荟、皂质芦荟等。现中国北方地区均有盆栽芦荟，南方地区除盆栽，还有地栽芦荟。性喜温暖，耐高温，不耐寒。生长适温20～30℃，能耐40℃酷暑，5℃可过冬，0℃受冻，种子15℃发芽。生长最适宜湿度为45%～80%。喜光，怕阴湿；耐干旱，怕积水，对土壤要求不严，适生于肥沃、疏松、排水良好的微酸性砂壤土。生长期稍湿，休眠期宜干；土壤过湿或积水，会导致植株的根或叶腐烂。

韩凡提供

养诀

常用分株和扦插方法繁殖。分株繁殖：春季（3～4月）或秋季（9～11月），将分蘖的小苗连根挖取，并切断与母株连接的地下茎，另外栽种即成新株。扦插繁殖：春季（3～4月）从母株的叶腋处，切取长5～10厘米的新芽，除去基部两侧叶，放在阴凉处1～2日，等切口稍干，插入荫棚的苗床，20～30天生根，在苗床培育2～3个月即可出圃定植。可地栽和盆栽。地栽宜选阳光充足，排水良好、肥沃的壤土，植前翻耕整好畦，施足腐熟有机肥或土杂肥，春、秋季均可定植，用10～20厘米高的分株苗或扦插苗，植距为50厘米×50厘米，或40厘米×50厘米，每畦种2行，每穴栽1株。盆栽：盆土用腐叶土4份、园土4份、河沙2份，另加少量骨粉混匀配制；或园土、粗沙各2份，堆肥1份。上盆后浇透水，夏季宜置于通风半阴处，冬季置室内阳光充足处，室内温度保持5℃以上，2～3年于春季换盆。芦荟耐旱性强，叶片具贮水功能，生长期间浇水以保持土壤稍湿为好，切忌积水。夏季和冬季休眠期均要控水。春季视干湿情况3～4天浇 1 次水，夏季高温干燥季节，每天浇水，入秋后控制浇水，干透再浇透，以保持盆土稍干为好。芦荟较耐贫瘠，如施足基肥，生长期可不施肥，或每年施肥 2 ~ 3 次，以复合肥或堆肥为主。莳养中有红蜘蛛和介壳虫为害及病害，注意及时防治。此外，清除叶片受害部位，减少浇水，停止施肥，注意通风与光照。

妙用

芦荟是优良的观花观叶植物。它还能吸收、净化空气中的二氧化硫、一氧化碳、甲醛等有害气体，尤其对甲醛的吸收特别强。当空气中有上述有毒气体时芦荟的叶片就会出现褐色斑点，能起警示作用。还能杀死空气中微生物，吸附灰尘，对净化居住环境有很大作用。还可入药，具有清热导积、通便、杀虫、通经的功能。尤其对人体皮肤粗糙、面部皱纹、疤痕、雀斑、痤疮有奇效。芦荟不但可美容，还可食用，能制作多种菜肴，有很好的保健作用。

101. 五彩缤纷——石竹花

简介

石竹花，别名：洛阳石竹、剪绒花、中国石竹、竹节花、石柱花、十样景花、草石竹、五彩石竹、散头石竹、石菊、绣竹、竹叶梅等。石竹花茎丛生，直立，光滑，有节多分枝。叶对生，线状披针形，基部抱茎。花单生或 2 ~ 3 朵疏生于枝端，有单瓣和重瓣类型，花萼下有尖长的苞片，单瓣类型花瓣 5 枚，匀称排列，构成圆形平面，花色有大红、紫红、玫瑰红、粉红、红褐、白、粉白、淡紫或复色等，微具香气。花期 4 ~ 10 月，4 ~ 5 月为盛花期。蒴果。原产于我国，分布广泛，

至今在东北、华北、西北和长江流域一带山野间的岩边草丛中，还有石竹的野生后代。不同属种有300多种，常见栽培同属植物有须苞石竹、麝香石竹、繁花石竹、锦团石竹、常夏石竹、羽瓣石竹、少女石竹等。性喜阳光充足，宜凉爽、通风、高燥环境，耐寒而不耐酷暑，耐旱，忌水涝，好肥，宜生长肥沃、疏松、排水良好及含石灰质的偏碱性壤土。

养诀

采用播种、扦插和分株法繁殖。播种繁殖：于9月选当年采收的种子，混沙撒播或条播于露地高畦内，覆细沙土1厘米厚，播后浇透水，发芽适温为21～22℃，10～15天可出苗。待苗长4～5片真叶时可移栽。扦插繁殖：花谢后，用茎基萌生的芽条，选粗壮部分剪成5～8厘米长，带1～2片叶插入沙床，株行距2厘米×2厘米，插完稍遮阴并保持空气湿度，生根后逐步通风，增加光照，适时移栽。分株繁殖：于秋季花后将老株的分蘖苗带宿根挖起，分离后种植即可，翌年开花。南方于11月初定植，冬前抽茎；北方置于阳畦越冬，翌年4月定植或上盆，“五一”就可开花。定植株行距20厘米×20厘米。盆栽选7～8片叶大苗上盆，每盆3株，盆土用园土6份、堆肥土2份、沙土2份混均，加适量腐熟豆饼作基肥。浇透水置阴处，5～6天后放置阳光充足、通风良好处。苗高15厘米摘心，促其多分枝，并适当摘除腋芽，使养分集中，花大色艳。日常养护须注意水肥控制。生长期可每隔半个月追施一次液肥或氮、磷、钾复合液肥，显蕾后停止追肥。花前应去掉一些叶腋花蕾，保证顶花蕾开花。浇水要适度，保持湿润状态为宜。过湿易茎部腐烂，过干植株易萎蔫。雨季注意排水、松土。夏季应遮阴降温。7月开花后，及时修剪，去掉残花，半月追肥一次，同时置于通风半阴处越夏养护，9月以后可再开花。越冬期间不施肥，少浇水，室温维持在5℃以上可安全越冬。石竹蒴果成熟期不一致，应分批采收。其品种间易杂交，采种用母株应隔离栽培，石竹易遭受立枯病、叶斑病、红蜘蛛等病虫害为害，要注意及时防治。

妙用

石竹花在我国及其他一些国家是吉祥花卉。可作礼品馈赠，寓意温馨、思慕、真诚的友谊。是园林、庭院春、夏季节布置花坛、花境的重要好材料。作盆栽，供居室内外厅堂、阳台、庭院观赏，还可作切花瓶插，1 ~ 2 周不会凋谢。全草或根可入药，有清热、利尿、破血通经功效。此外，石竹所散发的挥发性油类，具有明显抑制肺炎球菌、结核杆菌、葡萄球菌的生长繁殖，可大大减少室内空气的含菌量；对大气中二氧化硫、三氧化硫和氯气有较强抗性作用，是一种非常良好的家庭环保植物。

102. 消暑送清凉——薄荷

简介

薄荷，山东称夜息香、南薄荷；云南称水益母、接骨草；四川称土薄荷、鱼香草，江苏称人丹草、野仁丹草、见肿消、金钱薄荷、番荷菜等。薄荷单叶对生，长圆状披针形至椭圆形。先端锐尖，基部阔楔形，叶缘有锯齿，两面有毛和油点。8 ~ 9 月开唇形花，花小细密，轮生于叶腋成轮伞花序，球形，花淡紫色。小坚果卵球形。果期 9 ~ 11 月。原产于我国华中、华北、西北地区，生于野外小溪沟边、路旁及山野湿地。主产江苏、江西、河北、四川等省，全国各地均有大面积栽培。世界薄荷属植物约有 30 种，薄荷包含了 25 种，除少数为 1 年生植物外，大部分均为具有香味的多年生植物。我国现有 12 种，野生的有辣椒荷、欧薄荷、留兰香圆叶薄荷及唇萼薄荷等。薄荷在中国栽培历史悠久，经不断选育培育出许多品种，如青茎圆叶种、紫茎紫脉种、大叶青种薄荷、小叶黄种薄荷等。性喜温暖湿润和阳光充足、雨量充沛的环境，适应性强，

不择土壤，耐贫瘠，但以疏松肥沃、排水良好的夹砂壤土为好，凡土质黏重、酸碱性过强及干燥和荫蔽、低洼而易积水的地方均不宜种植。忌连作。薄荷生长适宜温度 20 ～ 30℃，根茎在 5 ～ 6℃萌发出苗，气温在 −2℃时，茎叶枯萎，但其根茎耐寒力较强，只要土壤保持一定湿度，冬季在 −30 ～ −20℃的地区仍可安全越冬。

养诀

薄荷可采用播种、扦插、分株和根茎方法繁殖。生产上采用根茎繁殖法。培养种根于 4 月下旬或 8 月下旬，选生长健壮、无病虫害的植株作母株，挖起移栽到另一地种植，按株行距 20 厘米 ×20 厘米栽植；或在初冬收割薄荷后，根茎留在原地培育至栽种时挖起作种根。5 ～ 6 月将地上茎枝切成 10 厘米插条，插于整好苗床，待生根发芽后于翌年早春尚未萌发前移栽。早栽早发芽、生长期长、产量高、质量好。盆栽时选粗壮、节间短、无病害的根茎作种根。盆土用园土和沙按 3 ：1 的比例混合，另加少量腐熟饼肥或磷酸二胺。将长 7 ～ 10 厘米根茎，栽于口径 15 ～ 20 厘米的瓦盆或塑料盆，每盆 1 ～ 2 根，盖上细土，压紧，浇水。当新梢长出后，摘心打顶 2 ～ 3 次，每次仅保留新萌发的新梢 1 ～ 2 节，其余的应剪去，并结合追施 1 ～ 2 次有机肥或无机肥，以氨肥为主，促进新梢和茎叶生长。还可进行根外喷施 0.1%尿素与 0.2%过磷酸钙溶液。经摘心处理，株高可控制在 30 ～ 40 厘米，保持较高的观赏效果。莳养期浇水应根据季节生长和天气而定。生长前中期需水较多，尤其是初期，结合盆土除草、松土于微潮时浇水，并常保持湿润。盛夏时应防高温和暴晒。入冬后，地上部分枯黄，可连盆放在花架底层等角落处，稍保持土壤湿润，来年春天，翻盆或重新扦插繁殖新株，否则，老株退化生长不良。主要病害有苗期黑胫病，主要害虫有造桥虫，为害期 6 月中旬、8 月下旬。注意及时防治。

妙用

薄荷常年叶绿茂盛，具有浓烈的清凉香味。在园林中可作低湿处、绿化空地、道路旁和庭院花坛、花境的观赏栽培，是优良的地被植物。又可盆栽供室内阳台摆设，其分泌浓烈的清凉香味挥发油，对多种致病细菌，如人体结核杆菌、伤寒杆菌、金黄色葡萄球菌等具有杀伤和抑制作用，具有显著防病功能，并能使居室内保持空气清新。茎叶含挥发油，可提取薄荷油。薄荷具有特殊的芳香、辛辣和凉感，主要用于牙膏、食品、烟草、酒、清凉饮料、化妆品、香皂的加香；在医药上广泛用于祛风、防腐、消炎、镇痛、止痒、健胃等药品中。全草可入药，有发散风热，清利咽喉，透疹解毒，疏肝解郁和止痒功效。

103. 花中处士——桔梗

简介

桔梗，别名：六角荷、铃铛花、包袱花、苦根菜、梗草、道拉基、白药、土人参等。桔梗茎直立丛生，高 40 ～ 100 厘米，上部有分枝。叶互生或对生，或 3 叶轮生，近无柄，卵形至披针形，具锯齿，叶背具白粉。花单生，或数朵聚合呈总状花序；花冠种状，蓝紫色；萼钟状，宿存。蒴果球状。花期 7 ～ 9 月，果期 8 ～ 10 月。我国南北均有野生和栽培，自然界多分布在山坡、草、灌丛间或林下及水沟旁。栽培历史悠久，主产安徽、江苏、浙江、山东、内蒙古、四川、湖北、河南等省区。主产于华东等地的称南桔梗，主产于华北、东北等地的称北桔梗。此外变种有早花桔梗、晚花桔梗、大花桔梗及高秆、矮生、重瓣、半重瓣和有斑纹的品种。性喜凉爽湿润的环境，喜阳光充足，略耐半阴，耐寒，在北方当年幼苗可忍受 −21℃低温。适生温度 10 ～ 20℃。宜生于疏松肥沃、排水良好的砂质壤土，忌积水，水过多根部易腐烂。怕风害，大风易使植株倒伏。

养诀

桔梗用播种或分株法繁殖。一般以种子繁殖为主，春、秋、冬三季皆可，以秋播最好，当年出苗，生长期长，结果率与根粗明显高于次年春播者。春播宜用温水（50℃）浸种，随即搅拌至水凉后，再浸泡8小时，或用0.3%高锰酸钾溶液浸种12小时，可提高发芽率。种子用湿布包上，放在25～30℃的地方，上面用湿麻袋片盖好，每天早晚用温水冲洗一次，4～5天待种子萌动时即可播种。通常采用直播，也可育苗移栽，直播产量高于移栽，且叉根少，质量好。采用行距20厘米、沟深3厘米条播。播时种子用2～3倍细沙拌匀，播后覆土约1厘米厚并稍镇压。苗期注意松土除草，苗高约2厘米时间苗与补苗。阴天带土补苗。4～5厘米时定苗，按株距8～10厘米留壮苗1株，后施腐熟的稀人畜粪水，施后盖土，6～7月再培土防止倒伏。保持土壤湿润、忌过干过湿，生长盛期，尤其花芽分化后，结合松土除草保证水分充足。秋、冬时节地上部分逐渐枯萎时，应及时剪除枯枝，地下根部覆土可在露地越冬。如欲使桔梗第二次开花，可在第一次开花后，即7月底以前进行修剪，留干25～30厘米，并加强水肥管理，防治病虫危害和雨季涝害。第二年春季返青及开花前各施一次人畜粪水。桔梗的雄花较雌花先成熟，需异花授粉才结实。生长期常发生病虫害，彻底清除病株并烧毁，并注意及时防治。

妙用

桔梗宜丛植、片植、孤植或群植于草坪或林缘处点缀景色；也可盆栽放置阳台、窗台和室内。还可药食两用，其富含人体所需的氨基酸、蛋白质、多种维生素、矿物质及微量元素。春天，采取嫩叶，或汤或炒。桔梗入药始载于《神农本草经》，为临床常用药。以根入药，有宣肺、利咽、祛痰、排脓功能。主治外感咳嗽、咳嗽痰多、胸闷不畅、咽喉肿痛、支气管炎、肺脓疡、胸膜炎等症。

104. 雍容华贵——大岩桐

简介

大岩桐，别名：落雪泥、丝绒花、六雪尼。大岩桐叶对生、肥厚而大，肉质，卵圆形或长椭圆形，多毛，具钝锯齿，叶背稍带红色；叶脉间隆起，自叶间长出花梗。花顶生或腋生，花梗长，花冠钟形或漏斗形；花萼五角形，裂片5枚，有紫蓝色、白色、紫红色、复色等色。蒴果。花期自春至秋季。原产巴西。野生于夏季凉爽、冬季温暖的热带高原地区。目前栽培的大岩桐均为园艺杂种，依其花形，分为单辨和重瓣两大品种群。重瓣品种主要有锦缎系列和神秘系列；单瓣品种主要有灿烂系列、花神系列和迷你系列。性喜温暖湿润和半阴环境。1～10月适温为18～23℃，10月至翌年1月为10～12℃。夏季高温多湿，不利生长，需适当遮阴。生长期要求空气湿度大，则叶片生长繁茂葱绿。冬季休眠保持干燥，但温度不得低于5℃，如湿度过大、温度又低，块茎易腐烂。要求肥沃、疏松和排水良好的富含腐殖质的土壤。块茎可连续栽培7～8年，每年开花两次。

养诀

主要采用播种和扦插方法繁殖，也可采用组培法。播种繁殖：春、秋两季均可播种，一般取决于花开时间。10～12月播种，次年5～6月开花；3月播种，8～9月开花。从播种到开花5～7个月。种子细小宜用浅盆。盆土经消毒后用腐叶土、园土和细沙混合过筛制成。将土平整压实，播时种子与3倍细沙土混匀后才能撒播均匀。播后不覆土，浸盆法灌水，上盖玻璃，室温保持18～22℃，10天后出苗，幼苗 3 ～ 4 片真叶时移植于穴盘或浅盆中，6 ～ 7 片真叶时定植于 12 ～ 15 厘米盆内。苗期避免强光直射，适当遮阴，经常喷洒地面，保持较高的空气湿度。

扦插繁殖：花落后，选取优良单株，剪取健壮叶片，留叶柄 1 厘米，修平，将叶片的 1/3 斜插于温室沙床、2/3 留于地面，适当遮阴，保持室温 18 ～ 20℃和土壤湿润，约 10 天后生根，1 个月后逐渐形成块茎。新球茎长出叶片即可上盆栽植。生长期间应根据盆土干湿程度，每天浇水 1 ～ 2 次，盆土见干见湿。浇水要均匀，过湿易烂根、烂叶，过干叶片发黄。平时常向地面喷水，以保持较高的空气湿度，防止叶片卷曲和落蕾，以利植株生长。花期供水要充分，但忌水渍和积水及雨淋，忌向叶面和花朵洒水，休眠期禁水。大岩桐喜肥，幼苗期施肥要稀薄，每周施一次腐熟饼肥水，生长期间至开花前每半月施一次腐熟饼肥水，忌施肥时污染叶面、花蕾上，一般施肥后即洒水、冲洗。花芽形成时，再增施一次骨粉或过磷酸钙。花后应及时摘除残花。冬季叶片枯萎进入休眠期，停止浇水施肥。将球基从盆中取出，稍干后储藏于沙内或仍留在盆内。储存在不低于 10℃的室内，注意干燥，过于潮湿易腐烂。宜每月检查一次，块茎可连续栽培 7 ～ 8 年，老块茎需淘汰更新。常见叶枯性线虫病，除及时拔除病株烧毁外，盆钵、块茎、土壤均需消毒。幼苗期易发生猝倒病，注意播种和移栽土壤的消毒。生长期常有尺蠖咬食嫩芽，应及时捕捉或在盆土中施入呋喃丹防治。高温干燥易生红蜘蛛，须及早喷药防治。

妙用

大岩桐是一种观赏价值很高的夏季室内时尚花卉，也是节日点缀和装饰室内及窗台的理想盆花，用它装饰会议桌、窗台、几案，更添节日祥和欢乐的气氛。购买时应选叶片深绿、无破损缺刻、畸形，叶片大小相差不大，并能盖住盆土，植株不会摇晃；用于冬天或早春摆放的，选有几朵花已开或多个花蕾含苞欲放的；如 5 ～ 6 月或 8 ～ 9 月，选具有 1 朵花已开的。应摆放在明亮散射光或间歇直射光的地方莳养。

105. 染指甲草——凤仙花

简介

凤仙花，别名：小桃红、好女儿花、夹竹桃、旱珍珠、透骨草、凤仙草、小粉团、满堂江、指甲草、金凤花、洒金花、芰芰草等。凤仙花叶互生，阔或狭披针形，顶端渐尖，边缘有锐齿。花大，多侧垂，花梗短，单生或数朵簇生叶腋，有白、粉红、玫瑰红、深红、紫或带有斑点的色彩，单瓣或重瓣。蒴果纺锤形，成熟时弹裂为 5 个旋卷的果瓣。花期 6 ～ 10 月。原产于我国南部，全世界 500 多种，我国有 200 多种，各地广泛栽培。其品种很多，按花瓣可分为单瓣品种、重瓣品种。常见品种有：丛状、茶花、拇指仙童、春阳等。性喜温暖湿热，畏严寒，要求阳光充足，空气流通的环境，生育适温 20 ～ 35℃。生性强健，生长迅速，能自播繁殖，移植极易成活。喜湿润，但忌涝，对土壤的适应能力较强，耐瘠薄，但以疏松肥沃、土层深厚和又排水良好的微酸性土壤为佳。生长周期短，南北方均可栽植。

养诀

凤仙花的繁殖用播种或扦插。春、夏、秋季均能播种繁殖，以春播为佳，种子发芽适温为 20 ～ 30℃。将种子撒播于疏松的培养土中，轻加覆土约 0.3 厘米，浇水保持湿润，5 ～ 7 天后发芽，出苗后经一次移植，苗高 8 厘米即可定植，株距30厘米。亦可直播，每穴播种2～3粒，成苗后再间拔。一般3月下旬播种，6～8月开花；4月下旬播种，7～9月开花；5月下旬至6月上旬播种，可于国庆节开花。

凤仙花盆栽、露地直播均可。盆栽于苗具3～4片叶后上小口径盆，或直接入大盆。移栽时应带宿土，栽后浇透水，防日晒，经缓苗1周即可正常管理。凤仙花管理较为粗放，天旱时注意浇水，雨季及时排水防涝。盆土出现过干过湿都会造成落叶降低观赏价值。苗高10厘米摘心，主茎及侧枝连续摘心，并摘除基部花蕾，不使其开花，直至植株长成丛株为止，则所有分枝顶部能同时并接连不断开花。5片叶之后，每10天左右施一次腐熟的稀薄液肥，肥液宜淡不宜浓。孕蕾前后施一次磷肥及草木灰。凤仙花生存力强，适应性好，一般很少发生病虫害。若气温高、通风不良或过于潮湿，易引起白粉病，主要害虫是红天蛾，可人工捕捉灭杀，并注意及时防治。

妙用

凤仙花寓意吉祥如意。是现代极为流行的花坛、花境、花篱植材，片植、群植，或点缀草地镶边，或盆栽作花钵装饰均能获得极佳观赏效果。且对空气中的有毒气体二氧化硫、二氧化碳有一定的抵抗能力。能吸收空气中的二氧化硫，对氟化氢反应灵敏，可监测空气中的氟化氢。凤仙花种子亦名急性子，茎亦名透骨草，均可入药，有活血化淤、利尿解毒、通经透骨之功效，是妇科调经和外治跌打损伤的民间要药。鲜草捣烂外敷，可治疮疖肿疼、毒虫咬伤。此外，花、叶、茎、子可食。烹鱼肉时放入急性子，肉易软。

106. 爱的使者——鸢尾花

简介

鸢尾花，别名：蓝蝴蝶、扁竹花、蛤蟆七、蝴蝶花、祝英台花、爱丽丝、荷兰鸢尾、尾顶鸢尾、铁扁担、草玉兰等。鸢尾花根状茎匍匐多节，节间短。叶剑形，质薄，淡绿色，交互排列成两行。花葶 35 ～ 50 厘米，高于叶面，单一或有 1 ～ 2 分枝，总状花序，着花 1 ～ 4 朵，蝶形，蓝紫色，重瓣倒垂形，具蓝紫色条纹，瓣基具褐色纹，瓣中央有鸡冠状突起；旗瓣较小，拱形直立，色稍浅。果实为蒴果，上有 3 ～ 6 个棱。花期 4 ～ 5 月，果期 6 ～ 8 月。原产于我国中部，云南、四川及江苏、浙江一带均有分布，自然生长于沼泽地、湿草地或向阳坡地。全世界鸢尾属 200 余种，我国产 30 余种。常见栽培的有：德国鸢尾、香根鸢尾、矮鸢尾、蝴蝶花等，性强健，耐寒性强。喜阳光充足、湿润环境，耐半阴，耐干旱，畏积水，忌水淹、宜在疏松、肥沃、排水良好的砂质壤土，或在富含腐殖质黏质土壤中生长。根系浅、生长迅速，露地栽培时，地上茎叶在冬季不完全枯萎，春季萌发较早。

养诀

鸢尾花用分株和播种法繁殖。分株繁殖：分株每隔 3 ～ 4 年进行一次，春季花后或秋季均可。分割根茎时每段带 2 ～ 3 个芽，用草木灰或硫黄粉涂抹切口，稍阴干后再种。保持 20℃温度，20 ～ 30 天即可生根。播种繁殖：通常于 9 月种子成熟后随采随播，播前用温水浸种 24 小时，再冷藏 10 天直接点播于苗床中。播后保持湿润，浇水不宜过多以防腐烂。播后 2 ～ 3 年开花。仅用于培育新品种。江南多露地栽培，北方需温室地栽。繁植地宜选阳光充足、排水良好而适度湿润的土壤，土壤经翻耕后用溴甲烷消毒后 2 周才使用，并施入腐熟堆肥和少量骨粉。根茎经 0.5%敌菌丹加 0.1%多菌灵溶液浸泡 10 ～ 15 分钟后即种植。栽植深度以根茎部低于地面约5厘米为宜，过深根茎易腐烂，根茎要压紧。栽种后浇透水。生长期应保持土壤湿润，追施2～3次稀薄饼肥水或复合花肥，花凋谢后再施一次液肥。夏季应注意避烈日暴晒。早春萌芽时宜多浇水，促使花茎伸长。秋后植株枯黄应及时清除地面枯叶，冬季适当覆盖即可安全越冬。主要病害有：锈病、软腐病、白绢病，虫害有蚀夜蛾，注意及时防治。

妙用

鸢尾花，白色代表纯真，黄色表示友谊永固、热情开朗，蓝色是赞赏对方素雅大方，或暗中仰慕，紫色则寓意爱意与吉祥。在园林中丛植于绿地，配合其他观花植物布置于花坛、花境，或作自然式栽植于水湿畦地、池边湖畔等。也可盆栽、作切花或于林缘和疏林下作地被。其根状茎可入药，有活血化淤、祛风利湿、解毒、消积之功效。此外，鸢尾具有诱人的紫罗兰芳香，有净化室内空气作用，还能对空气中有毒气体二氧化硫有较强抵抗能力。其根茎提取物是名贵天然香料原料，被广泛用于化妆品、香水、香皂和食用香精等。

107. 春天的信使——报春花

简介

报春花，别名：年景花、樱草、四季报春、仙鹤莲、纤美报春等。报春花叶基生，形成莲座状叶丛，具长柄，椭圆形至卵圆形，叶面光滑，叶缘有浅被状裂或缺，具锯齿，叶被有白粉。重出伞形花序多为2～6层、总花梗较长，高出叶面，花萼小，阔钟形，多为6瓣，数朵簇拥开放，花色呈粉红、深红、白、浅紫、浅黄等色。花期2～4月。蒴果球状，种子细小，自播能力较强。原产于我国川西、滇北、藏东等地区，是世界报春花属植物的发祥地和分布中心。报春花属全世界约有580种，绝大部分分布于北半球温带和亚热带高山地区，多野生于高海拔山坡草地或山谷森林边缘，仅有少数产于南半球。我国约有400种，最常见的有：四季报春、云南报春、报春花、鄂报春、藏报春、星状藏报春等。是典型的暖温带植物，喜气候温凉湿润的环境，怕高温，生长适温为13～18℃，冬季温度10～12℃。适宜排水良好、富含腐殖质的微酸性土壤。不耐高温和强烈的阳光，多数不耐严寒和霜冻。

养诀

报春花以种子繁殖为主，特殊园艺变种亦用分株法或分蘖法繁殖。种子多在4～5月成熟，成熟期不一致，应随熟随采随播最好，或采后阴干低温储藏，6～9月播。播种时培养土经过筛后装于浅盆或播种箱，种子与4倍沙子拌匀，点播或撒播。播后轻压实，不覆土，盖上玻璃罩或薄膜，放置半阴处，保持土壤湿润，发芽适温15～21℃，超过25℃时发芽率明显下降。当出苗率达60%以上时，去掉遮盖物，应降温至16～17℃，控制水分，以防幼苗徒长。播种期以所需开花期而定，如冬季开花，在晚春播种；早春开花的，在早秋播种。春季露地花坛用花，可在早秋播种。播种后，幼苗经1～2次移植，5片真叶时植于口径10厘米小盆，盆底宜施少量骨粉或腐熟饼肥末。待莳养1个月后，苗有一定高度，再定植于口径16厘米瓦盆中，盆土宜选2份腐叶土、1份园土，加少量基肥的培养土。幼苗定植不宜过浅或过深。初上盆注意遮阴，缓苗后约半个月施一次氮、磷稀薄液肥或复合化肥。生长期间盆土要湿润，避免盆内积水，夏季干热早晚各浇水一次，中午前后要向植株及盆周地面喷水，其余季节见干见湿。养护过程常出现叶面起皱无光泽，下垂萎蔫现象。主要原因是水分供给不足。冬季入室后，随着生长和孕蕾开花应注意适当浇水。花期应适当控制湿度，入秋后，报春花进入旺盛生长期，这时应加强肥水管理，每7～10天追施一次腐熟的稀薄饼肥液，施肥时注意肥水勿玷污叶片，可在施肥后喷水一次，同时每半月施一次0.3%磷酸二氢钾

水溶液，以促使多孕蕾开花，直至现蕾。施肥应注意：施前停止浇水，使盆土偏干，利于肥料吸收；盛花期减少施肥，花谢后停止施肥。夏、秋季将盆置于阴凉通风处，温度不宜超过 30℃。10 月下旬，入室置向阳处，冬季保持室温在 10 ～ 12℃，就能叶茂花繁。常见病害有叶斑病，虫害主要是红蜘蛛为害，注意及时防治。

妙用

报春花适合点缀客厅、置于居室和书房：布置商店、宾馆、会场，可增加节日的气氛。较耐寒的种类可露地栽种于假山、岩石园内，水榭旁或用于花坛、花境及镶边植物，少数巨型种可作切花观赏。购买开花的盆花，要选择叶片健康厚实、花茎挺拔、花苞饱满的。

108. 有金又有鱼——金鱼草

简介

金鱼草，别名：龙头花、狮子花、龙口花、洋彩雀、老虎嘴等。金鱼草茎直，单叶，上部叶互生，下部叶对生，披针形或矩圆状披针形，全缘，光滑。总状花序顶生，花唇形，口部闭合，基部膨大成囊状。花色除蓝色外，由白至红、紫各色具备。花期 5 ～ 6 月。蒴果卵形，种子细小。果实成熟期 7 ～ 8 月。原产欧洲南部、北非及地中海地区。我国各地都有引种栽培。栽培品种多达数百种，单瓣或重瓣，依花形有金鱼形和钟形两种。按株高有高型(90 ～ 120 厘米)、中型(45 ～ 60 厘米)、矮型（15 ～ 25 厘米）。常见品种有花雨系列、韵律系列及塔希提、甜心、小宝宝及新品红铃、黑王子、蝴蝶夫人等。性喜凉爽湿润，较耐寒，不耐酷热。喜阳光充足，也耐半阴。生长适温，9 月至翌年 3 月为 7 ～ 10℃，3 ～ 9 月为 13 ～ 16℃，幼苗在 5℃条件下通过春化阶段。在凉爽环境下生长健壮，高温对其生长发育不利，开花适温为15～16℃。金鱼草对水分比较敏感，忌土壤积水，否则根系腐烂、茎叶枯黄凋萎。宜在疏松、肥沃、排水良好的微酸性砂质壤土上生长。

林新华提供

养诀

金鱼草主要是播种繁殖，也可扦插和组培法繁殖。播种繁殖：种子细小，伴细沙秋播或春播于腐叶土、培养土和细沙混合的土壤中，稍用细土覆盖，保持湿润，但勿太湿。种子萌发适温为15～20℃，1～2周可发芽。扦插繁殖：金鱼草中的优良品种及重瓣品种不易结实，于6～7月剪取健壮嫩枝，长10～15厘米插于沙土盆中，置于半阴处保湿，约2周即可生根。组培繁殖：用幼茎作外植体，经灭菌消毒的外植体切成5毫米一段，接种于培养基上直至长成完整的植株。当幼苗长出4～5片真叶时，可移至口径8～12厘米的花盆内，盆土用7份腐殖质土、3份园土混合，另加少量腐熟饼肥和少量骨粉作基肥。幼苗淋水宜用细喷壶，喷透为止。苗高13厘米时即摘心，长约20厘米时再摘心，可使植株矮化、分枝、花穗多。生长期每10～15天追施一次以氮、钾为主的稀薄液肥，孕蕾期喷洒1～2次0.1%磷酸二氢钾，有利花色鲜艳。平时疏松盆土，适量浇水。花后及时剪除残花，并剪去病弱枝、枯老枝和过密

枝，加强肥水管理，促使再萌新枝，可再次开花。花期极易异花授粉，自然杂交严重，不易保留优种。为此，留种母株应隔离，才能采到纯种。常见病害有茎腐病、苗腐病、草锈病、叶枯病；虫害有蚜虫、红蜘蛛、白粉虱、蓟马等。注意及时防治。

妙用

金鱼草花可成片丛植于各类花坛、花境、岩石园，或冬季促成栽培以丰富冬季室内用花；中、高型品种是作切花的好材料，制作成花篮或插瓶。金鱼草谐音“有金又有鱼”，是吉利馈赠礼仪品，其花色各自有不同的寓意。红色代表红运当头，黄色为金银满屋，粉色为龙飞凤舞，白色代表心地善良，紫色为花好月圆等。其全草均可入药，捣烂可外敷，治痈疮肿毒、跌打损伤；内服具有清凉消肿之功。此外，金鱼草对空气中氟化氢、二氧化硫、二氧化碳、一氧化碳等有害气体有较强的抗性。其还是良好的环保植物，宜配植于工矿企业等污染地区的绿化、美化。

109. 渴望被爱——朱顶红

简介

朱顶红，别名：孤挺花、百支莲、喇叭花、百枝莲、柱顶红、朱顶兰、华胄兰、百子莲、对红、对对红、对角兰等。朱顶红叶带状，两列状数枚丛生，绿色，与花同时或花后抽出。花茎粗壮，中空，高出叶丛，伞形花序着花 2 ～ 6 朵着生花茎顶端，喇叭形花朵平伸或稍下垂，花被 6 片，由花萼及花瓣各 3 枚组成，花筒深长，瓣端向外翻展，红色或朱红色具白色条纹，花朵硕大，艳丽夺目。春、夏、秋季皆可开花。原产于热带和亚热带秘鲁的安第斯山脉、南非好望角、南美巴西。至今在欧洲生产量较大，主产国荷兰育出了可在圣诞节和元旦开花的植株，使它的花期可按照人们的需要而盛开。本属植物约 75 种，均为常绿大鳞茎草本。常见的栽培品种有：红狮、

大力神、赖洛纳、通信卫生，花之冠、索维里琴、智慧女神、比科蒂，及最近欧洲推出的新品种：拉斯维加斯、卡利默罗、艾米戈、纳加诺等。性喜温暖、湿润、半阴的环境，要求夏凉冬暖气候，不耐寒，生长适温 18 ～ 25℃，冬季休眠宜干燥并保持低温 5 ～ 10℃，开花温度 25 ～ 30℃。喜光，忌烈日，冬季需光照充足。适生于深厚、肥沃、疏松、排水良好的砂质微酸性壤土，忌水涝。生势强，鳞片寿命可达 3 ～ 4 年。

养诀

用分球和播种法繁殖。分球繁殖：结合 3 ～ 4 月换盆时，将母球周围着生的小球取下，忌损伤，盆栽、地栽均可。种植于排水良好、肥沃、向阳的砂质壤土中，覆土应将小鳞茎顶部露出土面。10 月下旬地上部枯萎进入休眠，将鳞茎挖出，沙埋，翌年 4 月再培育，经 2 年栽植后，鳞茎周长达 20 厘米即可供开花用。此外，可刻伤法繁殖：选择鳞茎周径 24 ～ 26 厘米种球，将鳞茎用 1%硫酸铜液浸 5 分钟，再用水洗净后，切去鳞茎的 1/3，用刀轻轻刻伤鳞茎中心的主芽，平放在沙床上，室温保持 18 ～ 22℃，维持较高的空气湿度，2 个月后在鳞片之间形成若干小鳞茎。播种繁殖：经人工授粉极易结实，约 2 个月即可采收。及时播种萌芽率可达 90%以上，播种后保持 15 ～ 20℃，7 ～ 10 天即可萌芽，栽培 3 ～ 4 年后形成大鳞茎即可开花。

温暖地区露地栽植，寒冷地方温室栽植。可盆植亦可畦栽。盆栽应选大而紧实的鳞茎作种，于 3 ～ 4 月上盆，盆土宜用腐叶土、田园土和沙土等量混合配制，用骨粉、腐熟饼肥作基肥，近年多用泥炭与珍珠岩各 1/2 混拌。栽植深度以种球埋入 2/3，不可过深，顶端外露。栽后浇透水，放置半阴处，避免阳光直射，待长叶后移至阳光充足处，保持盆土湿润，每周浇一次透水，每月追施 2 次腐熟的饼肥水，花蕾形成前施 2 次磷酸二氢钾稀释液，开花后不可缺水，并每 20 天追施一次磷、钾肥，至 8 月中下旬生长逐渐停止，减少浇水、施肥至停止，使之进入休眠，保持室温在 10℃左右及干燥条件，以防休眠期萌芽消耗养分。12 月底或翌年 1 月初，浇一次透水，让植株复苏，逐渐恢复生长，施 1 ～ 2 次稀薄的过磷酸钙液体肥水，室温可提高到16℃左右，以促使萌发，提早开花。在莳养中，花后应及时剪除花茎，夏季应移至通风良好的遮阴处，雨季忌盆内积水，注意防治病虫害。

妙用

朱顶红因花期较长，且花期易于控制，很适宜盆栽花卉，供室内几案、窗前的装饰，大型盆栽陈列于庭园的亭阁、廊下均美丽异常。还有净化空气的作用。亦可作切花，为插花、花篮、花圈，供大型庆典装饰之用，冬暖之地作露地常绿多年生栽培。还可入药，具有清热解毒、活血散淤和消肿的功效。但鳞茎有毒，以防误食。一般家养中毒的可能性极小。

110. 锦上添花——蟹爪兰

简介

蟹爪兰，别名：圣诞仙人掌、仙人花、蟹爪莲、锦上添花、蟹足霸王鞭、仙人蟹爪、仙指花等。蟹爪兰茎节偏平，多分枝，且向四方扩展，先端下垂。花着生于茎节先端，淡紫红色，花冠漏斗状，花瓣开张反卷，花色有淡紫、黄、白、纯白、粉红、橙和双色等。花期12月至翌年1月。果梨形、红色。原产于南美巴西东部热带雨林下层，在自然环境中，常附生于树上或潮湿山谷。在日本、德国、美国等国家已规模性生产，并选育出不少新品种。成为冬季室内的主要盆花之一。我国自20世纪80年代开始引种栽培，目前在沿海城市天津、大连、青岛、广州、厦门等地已有小批量生产。常见栽培品种有白色的圣诞白、多塞、吉纳、雪花；黄色的金媚、圣诞火焰、金幻、剑桥；橙色的安特、弗里多；紫色的马多加；粉色的卡米拉、麦迪斯托和伊娃等。常见同属观赏种

有圆齿蟹爪兰、美丽蟹爪兰、红花蟹爪兰，还有拉塞尔蟹爪兰、巴克利蟹爪兰、钝角蟹爪兰和圣诞仙人掌。它们既是观赏种，又是育种的好材料。喜温暖湿润和半阴环境，不耐寒，忌高温及烈日暴晒，怕水涝。生长期适温 18 ~ 23℃，越冬温度 5℃以上，开花温度 10 ~ 15℃，不超过 25℃；在短日照条件下才能孕蕾开花。夏季忌暴晒和雨淋，冬季喜温暖和阳光充足。喜排水良好、疏松、肥沃的微酸性土壤。

养诀

蟹爪兰常用扦插和嫁接法繁殖。扦插四季均可进行，以春插为宜；插穗剪取健壮、肥厚成熟的顶端茎节，长 5 ~ 8 厘米，置阴凉处 2 ~ 3 天，待切口微干燥，插于沙土中，保持稍有潮气，10 天左右可生根。嫁接繁殖：春、秋季均可进行。气温 20 ~ 25℃时嫁接成活率最高。砧木选仙人掌生长饱满、健壮的当年生新掌片，将砧木上端斜切或横切成楔形，然后选生长组织充实、老嫩适中的蟹爪兰 3 ~ 5 茎节为接穗，下部用利刀削成鸭嘴状，插入砧木中，插入深度以达到接穗茎节的 2/3 以上为好。塑料带绑扎固定，接口用甲基硫菌灵（甲基托布津）600 倍液或草木灰涂抹以防腐烂，放置阴凉处。若 1 周后接穗不干萎，即可成活。1 个月后再逐渐移至阳光下转入正常管理。蟹爪兰可以在砧木上嫁接 2 ~ 3 层，生长成型后更显得壮观、漂亮。

盆栽或吊盆栽培的盆土以腐叶土与沙土等量配制，以腐熟饼肥为基肥，盆底垫 1 层碎瓦片或粗沙，以利排水。上盆后用浸盆法渗透浇水，置于通风阴凉处，缓苗后放于通风光足处。盛夏防阳光直晒；秋末冬初摆放向阳处，室温保持 10 ~ 15℃。生长期间浇水以浸盆法，见干见湿、保持湿润，切忌盆中积水，夏季高温干燥，常向叶面喷雾，以利越夏。由于枝条多而下垂，应设支架撑护。从春至初夏，每隔 15 天施腐熟稀薄液肥，夏季应停肥。入秋至开花每隔 10 天施腐熟豆饼肥水或稀薄复合化肥，孕蕾开花前施 1 ~ 2 次 0.2%磷酸二氢钾溶液或 0.5%过磷酸钙溶液。为保证开花的质量，一个茎节上只留 1 个最大的花蕾，其余的及新萌发的幼茎都去除掉。施肥时注意肥液不要溅污嫁接愈合处，及随意搬动花盆，以免发生腐烂、断茎落花。花期室温不宜高，10 ～ 15℃为宜，花期可持续 2 ～ 3 个月，单花一般开放 1 周后凋萎。将已开花植株置于 5℃下，能使花蕾开得慢，可延长开花时间。花后处于短暂休眠状态，应控制浇水，停止施肥，将盆花放置到避雨通风的半阴处养护，同时常向植株和周围的环境喷水提高空气湿度和降低温度，待茎节长出新芽后，再行正常管理。霜降后气温降低，应置室内向阳处，冬季室温维持 12 ～ 15℃。盆栽每隔 2 年于春季换盆。蟹爪兰在高温高湿下，常发生炭疽病、腐烂病和叶枯病危害。对发生严重病害的植株应拔除集中烧毁。病害发生初期，用50%多菌灵可湿性粉剂 500 倍液，每 10 天喷洒一次，共喷 3 次。虫害有甲壳虫和红蜘蛛。用50%杀螟松乳油 2 000 倍液喷杀红蜘蛛。介壳虫发病较轻时用竹片刮除即可，严重时可用 25%亚胺硫磷乳油 800 倍液喷杀。

妙用

蟹爪兰株形丰满优美，茎枝悬垂，四季常青，花冬春盛开，花色丰富艳丽，花期长，适合于居家、窗台、门庭入口处和展览大厅装饰。蟹爪兰夜间能吸收二氧化碳，净化空气能力特别强，使室内负离子浓度增加，提高空气质量，对人体健康很有益。还可入药，有解毒消肿功效，主治疮疡肿毒、腮腺炎。选购蟹爪兰时，以株型丰满，花开整齐、叶色翠绿、花色鲜艳为上品。

111. 应景时花——炮仗花

简介

炮仗花，别名：火焰藤、黄金珊瑚、炮仗竹、吉祥花、炮竹花等。炮仗花叶对生，小叶 2 ～ 3 枚，叶卵状至卵状矩圆形，先端渐尖，基部近圆形。花橙红色，长 6 ～ 7 厘米，多朵排成下垂的圆锥花序，萼钟形，有腺点，花冠裂片呈椭圆形，外反，有明显白色短绒毛。花期 1 ～ 3 月。原产南美洲巴西，我国热带、亚热带地区有引种栽培。在华南地区，四季常青。性喜日照充足、温暖高湿气候和肥沃、湿润、排水良好的酸性土壤。不耐寒，生长适温 18 ～ 28℃，越冬温度为 10℃。适应性强、生长迅速，寿命长，极少有病虫害。

养诀

用扦插和压条法繁殖。扦插繁殖：于春季花谢后 3 月中下旬，选取 1 年生成熟粗壮的枝条作插穗，长 10 ～ 15 厘米，插入湿沙床中 2/3，喷雾保湿，气温

20℃左右，约 25 天生根，成活率可达 70%。约半个月后，待苗高 15 厘米，根系较多可上盆或移栽。翌年可开花，第三年可绿化成景。压条繁殖：利用落地的藤蔓，在叶腋处伤皮压土，从春季到秋季均可进行，以夏季为宜。直接压条于容器内，不移至圃地育苗。20 ~ 30 天生根，1 个月左右剪下成新株，当年即可开花。多作盆花栽培。南方地区露地栽培，北方地区盆栽，冬季入室越冬。盆要选大而深、口径在 25 厘米以上。盆土为园土 2 份、堆肥 1 份、沙 1 份混制，并施腐熟有机肥作基肥。上盆后遮阴，缓苗 5 ~ 6 天再见光。盆土常保持湿润，生长期每天浇水 1 ~ 2 次，孕蕾开花期浇水宜适当多些，切忌盆内积水，炎热夏季除需浇水外，每天还要向枝叶和周围地面喷水 2 ~ 3 次，秋季花芽分化期，浇水宜少。11 月初移入室内向阳处，室温保持在 10℃以上并视盆土湿润状况酌情适量浇水与施肥。生长季节一般半月施一次氮磷结合的稀薄液肥。孕蕾期追施 1 ~ 2 次以磷肥为主的速效液肥，花谢后追施一次以氮肥为主的液肥。生长期间植株发育极为迅速，靠卷须固着生长，幼苗期在株旁搭支柱或花架，待 2 米左右高时引蔓上架，放在阳光充足处养护，并施行摘心，促使萌发新枝，以利多开花。生长期间切忌翻蔓，折断卷须，否则影响水分、养分吸收，造成开花不良或不开放。对一些老枝、弱枝等要及时剪除，以免

消耗养分，影响翌年开花。

妙用

炮仗花是华南地区重要的攀缘花木，成为装饰围墙、栅栏、门庭、茶座、棚架、阳台理想的攀缘花卉，置于露天餐厅、庭院门首等处，作花墙、顶面及周围的绿化，景色极佳，显示出一种富丽堂皇的效果。用于高、低层建筑物的阳台及其墙面作垂直绿化，可增加绿化面积和容量，也是美化河沿、假山、土坡、护墙、公园、庭院的铺盖花卉。花及茎、叶可作药用，有润肺清热，止咳、利咽喉功效，用于肺结核、咳嗽，咽喉肿痛，肝炎，支气管炎。

112. 花卉皇后——非洲紫罗兰

简介

非洲紫罗兰，别名：非洲圣保罗花、非洲堇、大花非洲苦苣苔、非洲紫苣苔等。非洲紫罗兰叶片轮状平铺生长而组成莲座状，叶卵圆形，背面带紫色，有长柄，全缘。花梗自叶腋间抽出，花茎红褐色，花单朵顶生或交错对生在长柄的聚伞花序上；花径 3 ~ 4 厘米，花被 5 枚，上 2 枚较小，花有短筒，花冠 2 唇，裂片不等。有单瓣和重瓣。花色有深紫罗兰色、蓝紫色、浅红色、白、粉和红等色。花期夏、秋季节。原产于东非坦桑尼亚高原海拔 1 500 米的热带森林里潮湿多阴的岩石缝中，土质多为含有腐殖质的砂质壤土。是欧美风行已久的植物，被称为室内花卉皇后。我国自 20 世纪 80 年代开始引种栽培。目前少数中外合资园艺公司有小批量生产，其发展前景好。现在栽培的均为杂交种，园艺品种繁多，有 2 100 多个品种。有大花、单瓣、半重瓣、重瓣、斑叶等，株型有迷你、半迷你、标准型。同属观赏种有白花非洲堇和

大花非洲堇。性喜温暖、湿润、通风、半阴的环境，不耐寒，忌高湿，怕强光直射。生长适温 18 ～ 26℃，冬季室温要高于 10℃。适生于疏松、肥沃、排水良好、中性和微酸性的土壤，花期长。

养诀

常用播种、扦插和组培法繁殖。播种繁殖：春、秋季均可进行，以 9 ～ 10 月最好，发芽率高，幼苗生长健壮，翌春即可开花；2 月播种，逢盛夏开花，长势差，花少，易染病。播种基质宜经消毒的蛭石或细沙，种子细小，伴干净细沙后，播于浅盆或穴盘，不覆土，压平即行，保持基质湿润，采用迷雾法补水。发芽适温 18 ～ 24℃，约 3 周即可发芽。经间苗及两次移植后可定植于口径 10 ～ 12 厘米小盆中。从播种到开花约需 200 天。扦插繁殖：主要用叶插。于 5 ～ 6 月进行。花后选取健壮充实的叶片，带叶柄 2 ～ 3 厘米，斜插于河沙中，使叶片伏在沙面上，用薄膜盖上保持湿度，并适当遮阳，20 ～ 25℃的温度下约 3 周即可生根，待新叶长出后便可上盆。组培繁殖：以叶片、叶柄、表皮组织为外植体。用培养基培养 3 个月后生成小植株可栽植，小植株移植于腐叶土和泥炭苔藓土各半的基质中，成活率 100%。于 9 ～ 10 月将繁殖的成活幼苗带土团上盆。盆土用腐叶土、园土、蘑菇肥或腐熟厩肥各 1/3 混制，加适量腐熟饼肥、过磷酸钙作基肥。由于非洲紫罗兰株矮、根群小，要视植株大小选相应的花盆。盆底垫粗沙。栽时苗摆正，生长点略高于土面，覆土后摇实即可，不可用力压实。上盆后浇水使盆土潮湿，或用浸盆法浇水后置阴处。春、夏、秋季置通风好、明亮散射光处，尤其炎夏要避阳光直晒，放在遮阴、凉爽通风处，冬季置阳光充足处。当腋芽长到米粒大小时，及时摘除、修掉最底层的老叶，促进花芽生成。现蕾时施 1 ～ 2 次 0.5%过磷酸钙溶液。生长期浇水宜用浸盆法，盆土保持“间干间湿”为好，夏季气温高应多浇水，植株周围常喷水。冬季和早春气温低，应少浇水。生长期每隔 15 天施一次腐熟饼肥水或复合化肥。浇水和施肥时，切勿玷污叶片，以免发生腐烂。还需定期转动花盆，让植株受光均匀，花茎才能自然伸出。开花时停施肥，剪掉开败的小花、花茎及老叶，加强莳养，50 天后又可开花。高温多湿易发生枯萎病、白粉病和腐烂病，可用抗菌剂 401 醋酸溶液 1 000 倍液喷雾或灌注盆土中。出现甲壳虫和红蜘蛛可用 40%氧化乐果乳油 1 000 倍液喷杀。

妙用

非洲紫罗兰开花性强，植株不大，不占空间，莳养简易，耐阴抗热，还适应空调环境。且整个栽植过程,从幼苗到开花,皆可在室内进行。开花时布置于书房、卧室、办公室、客厅或阳台，不开花时陈列于室内书桌、几案上，时刻给人一种清爽的感受。此外，非洲紫罗兰散发出的香气，对结核杆菌、肺炎球菌、葡萄球菌有明显抑制作用，能起到净化空气，杀死病菌的作用。

113. 清秀脱俗——非洲菊

简介

非洲菊，别名：扶郎花、灯盏花、秋英、波斯花、千日菊、太阳花、日头花、佳宝菊、大丁草等。非洲菊叶片基生，多数具长柄，叶矩圆状匙形，或长椭圆状披针形，茎部渐狭，羽状浅裂或深裂，边缘具疏齿，叶背被白色绒毛。头状花序单生，花梗长，高出叶丛，总苞盘状钟形，总苞片披针形，顶端尖锐，具细毛，舌状花大，1 ~ 2 轮或多轮，倒披针形或带形，端尖，筒状花较小，花径 8 ~ 10 厘米，花色有白、黄、橙、红粉、橙红、淡红、玫瑰红及双色等多种。若环境气候条件适宜，可周年开花，但以 4 ~ 5 月份和 9 ~ 10 月份为旺花期。原产南非，现世界各地广泛栽培。我国各地栽培也十分普遍，非洲菊的鲜切花生产已有相当规模，大部分为自产自销。目前，全世界非洲菊品种已有 330 多个。常见栽培品种有桑巴、节日、化装舞会、健壮巨人各系列；常见同属观赏种有重瓣非洲菊与绿叶大丁草。性喜冬

暖夏凉，空气干燥，通风良好，日照充足的环境。不耐高温、高湿，属半耐寒性花卉。生长适温 20 ～ 25℃，夜间 14 ～ 16℃，白天不超过 26℃，开花温度不低于 15℃，冬季休眠温度 12 ～ 15℃，低于 7 ～ 10℃则停止生长，能忍受短期 0℃的低温。生长最高温度为 30℃，对光反应不敏感，自然的日照长短，对开花数量和花朵质量影响不大。喜疏松、肥沃、排水良好、富含有机质的微酸性砂壤土，忌土壤黏重与水涝。

养诀

常用播种、分株、扦插及组培法繁殖。播种繁殖：种子成熟后立即播种，发芽率较低，仅 40%。播后覆薄土，在 22℃条件下约 2 周发芽。待子叶完全展开后即可分苗，2 ～ 3 片真叶后移入花盆中，每盆栽 2 株，保持湿润，忌淋雨。温度控制在 16℃左右，以促进根系发育。分株繁殖通常每 3 年分株繁殖一次，一般于 4 ～ 5 月将老株掘起切分，每株须带新根和新芽，另行栽植。栽时不可过深，以根颈部略露出土面为宜，防止根茎腐烂。扦插繁殖：选健壮的母株，挖出，截取根部粗壮部分，去除叶片，切去生长点，保留根颈部，栽种在泥炭中，在温度为 22 ～ 24℃，湿度为 70%～ 80%，约 2 周后根颈部会陆续长出叶腋芽和不定芽，形成芽条插穗。待芽条长到 4 ～ 5 片叶后剪下扦插于沙床中，温度控制在 25℃，湿度保持在 80%～ 90%，3 ～ 4 周可生根，移栽营养钵中培养，当年扦插的新株当年能开花。组培繁殖：采用叶片、花芽、茎顶、根茎等材料作外植体。用培养基培养直至成苗。

非洲菊的根系发达，盆栽需用深盆。盆土以腐殖质 5 份、珍珠岩 2 份、泥炭 3 份混制，或腐叶土 4 份、园土 3 份、堆肥 2 份、沙 1 份，再加少量腐熟有机肥混制成盆栽基质。栽植时将根颈部稍露出土面。生长期需水量大，应保持盆土湿润，不宜太湿，否则易发生病害甚至死亡。非洲菊需肥量也较大，可根据长势施用以氮、磷、钾为主的复合肥，并施用 2 次钙、镁肥，生长期间每半个月追施一次稀薄液肥，孕蕾期间增施 1 ～ 2 次 0.5%～ 1.0%的过磷酸钙。浇水、施肥时忌将水、肥淋入叶丛和花蕾上，以免发生烂叶和烂花。非洲菊喜光，盆栽的盆钵要放在光线充足处，夏季注意遮阴、降温、通风，保持温度不超过 26℃，并减少浇水。冬季盆花入棚，保持棚内温度在 12℃以上，注意通风，昼夜温差 2 ～ 3℃最佳，这样可达终年有花。非洲菊生长期易受跗线螨、棉铃虫、烟青虫、甜菜叶蛾、蚜虫等为害；病害有叶斑病、白粉病、病毒病等。注意及时防治，销毁病株。

妙用

非洲菊为世界著名十大切花之一。在我国它有扶助新郎之寓意，象征互敬互爱，有毅力，不畏艰难，因此在有些地区是必不可少的婚礼用花。例如上海人喜欢用它扎成花束布置新房，取其扶郎花谐意。还是点缀案头、橱窗、客厅的佳品。盆栽常用来装饰门庭、厅堂、会场、办公室、宾馆、车站、空港、茶室和商场等。它还可吸收甲醛等有害气体，通过新陈代谢可把甲醛转化成天然的物质，也能吸收复印机和打字机排放的苯，并将苯分解为无害的物质。可保持室内空气新鲜。此外，全草可入药，味苦、微涩、性凉。有清热止泻的作用。主治肠炎，外敷可治痈疮肿毒。

114. 染颜色笔穗——千日红

简介

千日红，别名：火球花、杨梅花、千日草、千年红、百日红、吕宋菊、沸水菊、长生花、蜻蜓红、圆仔花等。千日红叶对生，椭圆形至倒卵形，全缘。头状花序单生，或 2 ～ 3 个着生于顶端，花序无柄，有长总花梗，花序球形渐开渐伸呈长圆形；每花有小苞片 2 个，膜质发亮呈紫红色，干后不落且色泽不退。花期 7 ～ 9 月。结胞果，近球形。种子细小，橙黄色。原产热带美洲的巴西、巴拿马、危地马拉和印度。现我国各地广泛栽培。常见观赏栽培

王远提供

品种有完美系列、双色玫瑰、草莓田、千日白、千日粉。性喜温暖、干燥和阳光充足环境。不耐寒、怕霜雪。不耐庇荫，怕水湿。适应性强，以肥沃、疏松和排水良好的砂壤土为宜。

养诀

千日红采用播种法繁殖。种子为带花被的胞果，外表被毛，3 ～ 4 月春播或 9 ～ 10 月秋播，播前用冷水浸种 1 ～ 2 天。种子易结团，浸种后挤去水分，稍干拌以草木灰，松散后直播于盆钵或温床，如育苗，要带土移植。播后稍加覆土或不覆土，盖草或薄膜保湿。发芽适温 16 ～ 23℃，播种约半个月后发芽。播后 3 个月可见花。幼苗 3 对真叶时需移栽一次，移苗后需遮阴，保持湿润，注意除草。幼苗 5 ～ 6 对真叶可移栽定植口径 10 厘米花盆。地栽定植株距 30 厘米。千日红长势强盛，对肥水、土壤要求不严，管理简便，一般苗期施 1 ～ 2 次腐熟稀薄液肥，前期再追施富含磷、钾肥 2 ～ 3 次。在幼苗期间应行数次“摘顶”整枝，即每次保留新生叶片两对，将顶尖掐去，但掐顶时，要照顾到株形的整齐美观。生长期间要及时浇水与除草，雨季注意排涝。花残谢后，可修剪和施肥，促使重新萌发新枝，可于晚秋再次开花。花期可至霜降。9 ～ 10 月留种时宜选节间短密的种株，及时逐个采摘小苞片已发黄的成熟花序，慎防老鼠咬食。最后刈取全株，倒挂于室内晾干脱粒，放阴凉干燥处贮藏，种子发芽力可保持 3 年。苗期易发生蚜虫为害。可用 40%氧化乐果 1 000 ～ 1 500 倍液喷杀；病害有叶斑病，及时剪除初发病叶烧毁。发病初期用 50%退菌特可湿粉 600 ～ 800 倍液，或 50%苯菌灵可湿粉 800 ～ 1 000 倍液，视天气和病情隔 10 ～ 15 天一次，交替喷洒。

王远提供

妙用

千日红可制作花篮、花环以及花瓶插，可点缀于餐桌及其他台面，也适宜庭院、园林种植，布置花坛、花境。全草和花均可入药，性平味甘，有清热明目，平肝息风，止咳定喘，散结消瘿的功效。花是小儿科的良药，又是风味绝佳的花草茶，它还是西方花草茶的重要原料，有养颜调经等功效，还是墨西哥民间的偏方，叶片用于止痒、治疗烫伤和皮肤溃疡等。又对空气中的氟化氢非常敏感，是监测环境污染的“哨兵”，可间接地保护人类生存。

115. 年宵袖珍花卉——一叶兰

简介

一叶兰，别名：蜘蛛抱蛋、大九龙盘、竹叶盘、九龙盘、赶山鞭、蓼叶伸筋、大伸筋、摇边竹、龙骨草、铁马鞭、竹根七、地蜈蚣、九节龙、蜈蚣草、土里蜈蚣、狸角叶等。一叶兰叶单生，矩圆状披针形，或披针形至近椭圆形，基部楔形，顶端渐尖，深绿色，边缘皱波状，光滑，初生叶纵卷。花单生于根茎上，花梗极短，贴近地面，花被合生呈钟状，裂片紫褐色，花基部有苞片 2 枚，不常开花。果为浆果，犹如一窝蜘蛛。花期 4 ~ 6 月。花不显著，果熟期 7 ~ 9 月。原产我国南方各省区和台湾省，多野生于树林边缘或溪沟岩石旁，全国各地都有栽培。同属的种有以下几种：丛生蜘蛛抱蛋、九节盘、卵叶蜘蛛抱蛋。常见栽培变种有：洒金蜘蛛抱蛋、金线蜘蛛抱蛋。性喜温暖、湿润及半阴环境，较耐寒。在常绿草本观叶花卉中，它的耐寒力最强。生长适温 15 ~ 20℃，可短时间忍耐 -9℃的低温。在 0℃左右低温下，叶片仍保持绿色。忌强光直射，耐阴，怕水渍，对土壤要求不严，但以疏松、肥沃、排水良好的砂壤土为好。在西南和华南地区可露地栽培，长江下游及华北地区需要温室栽培。

养诀

多采用分株法繁殖，一年四季都可进行，一般多在春季气温开始回升、新芽尚未萌发之前结合换盆时，将已盆栽2年以上的丛生性植株脱盆后抖落外围泥土，将匍匐根茎切开，剪去部分老根，除去枯叶，每5～6片为1丛，每丛带有几枚新芽，直接上盆，将每个叶片栽植，浇透水置庇荫处养护。分株后需培养2年方可长成丰满的株形。地栽、盆栽均可。地栽可种在花木边缘，或大树之下，每窝行距40～50厘米，深8～14厘米，每窝栽苗3～5株，芽嘴要各向一方，栽苗不要过深，只要用土把气生根压紧，盖上土把苗扶正，浇透定根水。盆栽的盆土用园土2份、腐叶土1份、厩肥和砻糠灰各0.5份混均配制，最好再加入1/3的泥炭。上盆时栽植深度以盆土与根茎平齐，栽时每张叶片也要扶正栽正，浇透水置通风半阴处，20天后置于室内通风明亮散射光处。夏季不能放在强光直射处，否则叶片易变黄，甚至枯萎。应置室内通风半阴处。冬季室温不低于5℃。置于阳光充足处，平时应注意及时剪除黄叶及拔草。生长旺盛期每天需浇水一次，保持盆土湿润。夏季除每天浇水一次，应向叶面喷雾，并向地面洒水，使四周环境保持一定的湿度；冬季应减少浇水，但仍需经常用温水喷洗叶片。生长旺盛期每半月施一次稀薄腐熟饼肥水，或稀薄复合液肥。开花坐果后，喷施1～2次0.2%磷酸二氢钾溶液。冬季停止施肥。每隔2～3年换盆一次。地栽的，每年冬季用渣滓肥壅在窝上。需加强通风和光照，以防甲壳虫和红蜘蛛发生。发现后及时防治。

妙用

一叶兰是阳台、室内和地铁绿化的最佳花卉，尤其适宜装饰书房、会客室，可使满室生绿，气氛宜人。叶片经人工造型，是制作花篮和插花装饰的最理想的陪衬材料。全草及根状茎可入药，具有活血通络、消暑祛湿、和胃安神、泄热利尿、止痛祛痰和强心的功效。此外，一叶兰叶片宽大，蒸发量较高，可有效增加空气湿度，对甲醛有清除作用；可保持空气清新，少受甲醛之害；新居装修后，室内摆放数盆，对氟化氢、二氧化碳有较强吸收能力，对二氧化硫有较强抵抗能力，还可吸滞尘埃，净化居室空气，可谓是天然的清道夫。

116. 朝天的利剑——龙舌兰

简介

龙舌兰，别名：龙舌掌、番麻、剑麻、世纪树等。龙舌兰叶匙状披针形，叶片肥厚多浆，外皮质坚，表面具较厚的蜡质，灰绿色，上被白霜，长剑形，先端具硬尖刺。横切面近似“V”形字，边缘有锯齿状裂刺。大型植株可在夏、秋之间开花，自叶丛中抽出，花梗粗壮高大，圆柱状，多分枝，顶生伞形或圆锥花序，花多数，淡黄绿色，稍呈漏斗状，异花授粉后才能结实。果为蒴果，球形或椭圆形，种子黑色。原产美洲热带、墨西哥及西印度群岛；我国华南及西南热带和亚热带地区广为栽培，现各地温室都做盆栽种植养护。同属有 300 多种，具有观赏价值的变种和品种有：金边龙舌兰、金心龙舌兰、银边龙舌兰、绿边龙舌兰、狭叶龙舌兰等。常见栽培观赏的有 3 种：雷神、鬼脚印和菠萝麻。龙舌兰习性强健，喜阳光，不耐阴。性喜温暖，畏寒，适生温度 15 ～ 25℃，夜间 10 ～ 16℃。越冬温度不得低于 5℃。耐旱性强，忌积水。对土壤要求不严，喜疏松、肥沃、排水良好的砂质壤土或腐殖土，也适酸性土壤。新生植株一般需生长 10 多年才能抽茎开花，花后果熟，植株枯萎死亡，一生只开 1 次花。属异花授粉植物，自花授粉不易结实。

养诀

龙舌兰多用分株法繁殖。于春季3～4月将根际处萌生的萌蘖苗，带根挖掘另栽。如萌蘖苗无根或根系少时，可先扦插于素沙土中，等生根较多后再上盆定植；也可在春季换盆或移栽时切取带有4～6个芽的一段根株盆栽。龙舌兰叶插不易生根，采收种子也较困难。因此，常不采用扦插和播种法繁殖。用幼苗栽植开花较慢，需经多年后才能开花。北方地区栽培龙舌兰也不容易开花。

龙舌兰除在热带和亚热带地区可露地栽培观赏，其余地区均作盆栽莳养。盆栽培养土可用腐叶土、砂壤土等量混合，另加少量骨粉配制。养护管理比较简便。冬季需在低温温室中保护越冬，保持室温在8℃以上即可安全越冬，并放置在阳光充足和通风良好处，翌年清明节前后移出室外。生长季节应保持盆土湿润，夏季增加浇水量，以保持叶片柔嫩。花叶品种在盛夏季节应适当遮阴，或将花盆移至半阴处养护，以防花叶退化。生长期每半月施一次稀薄肥水，冬季停止施肥。浇水施肥时，忌将肥水洒在叶片上或叶丛中，以免引发褐斑病。此外，植株新叶长出后，下部老叶逐步枯黄，应及时剪除，并去除旁生蘖芽，以利生长和观赏。2～3年翻盆换土一次。通风条件差的室内，易受介壳虫为害，可用40%氧化乐果乳油1 000倍液喷杀。

妙用

龙舌兰植株高大，叶片坚挺，叶形似朝天利剑，可置于宾馆、饭店、会堂等处的厅堂内或门前，以单株或成排成双地陈设，也可群植于花坛中心、草坪一角，既可营造庄重幽雅的气氛，又能展现一派热带景色。且具有耐干旱和耐阴的特性，点缀于展厅室内和地铁内十分相宜。尤其夜间能净化空气，给人们一种清新的环境，还可对室内有毒气体甲醛、苯、三氯乙烯等转化为无害的物质吸收利用。适宜作为空调室内的观赏植物。其叶纤维坚韧、耐腐，可编缆绳。

117. 吉祥发财的——银柳

简介

银柳，别名：银芽柳、棉花柳、桂香柳、香柳、沙枣、猫柳、银苞柳、毛毛狗等。银柳单叶互生，披针形。边缘细锯齿，背面灰白色软毛。花为不完全单性花，无花瓣，花小，众小花簇集为短棒状，着生于小枝上，为柔荑花序。雌雄异株，雄花由雄蕊、苞片组成。雄花芽肥大，着生于叶腋处，每个芽有一个紫红色的苞片。冬季落叶后，春季新叶未展开前，花先开，初开时红色苞片舒展，后苞片脱落，露出的花芽密覆滑柔银白色的细长毛，形似毛笔。花期 12 月至翌年 2 月。每果有 2 ~ 3 粒种子，种子有冠毛，称柳絮或柳绵。原产于我国北方。分布于内蒙古、华北、西北及河南、山东等，在黑龙江省尚志市，至今仍生长着树龄达百年的野生银柳。目前上海、云南、江苏、浙江、四川等地都有大量商品化生产，产品远销东南亚至欧美地区。性喜温暖湿润气候，适应性强，喜光，耐阴，耐湿，耐寒，好肥，喜肥沃湿润土壤，耐微碱；不耐旱，宜生于水边、池畔等低湿处。花期长，从花苞露色到凋谢可达 3 个月。再生力强。

养诀

多采用扦插法繁殖。选取枝条组织充实、健壮、叶芽饱满、粗度 0.5 厘米以上作插穗。入冬后取长 20 厘米有 4 ~ 5 个芽眼的插条，整理芽朝向一致，每百根扎成一捆，竖放在室内，以河沙保湿储藏。翌年 3 ~ 4 月按株行距 50 厘米 ×20 厘米露地扦插。也可早春剪取枝条扦插，亦可于梅雨季节用嫩枝扦插。将插穗底部斜削成马蹄形，斜插苗床或花盆的沙土之中，入土 1/3 ~ 1/2 深，生根后定植大田。栽前施足有机肥作基肥，生长期追施3次速效肥，分别于5月中旬施第一次尿素促使早发旺长；第二次在6月中下旬生长旺盛期，施以全元素复合肥；第三次于8月中旬花蕾膨大期，施入硫酸钾复合肥，供养花蕾形成和充实；此外，9月份用0.2%磷酸二氢钾加0.5%尿素根外追肥2～3次，对花蕾膨大和着色有明显促进作用。莳养中应：幼苗期及时中耕除草；夏季高温干旱及时灌水，宜在傍晚或夜间进行；雨季注意排涝，做到干湿相宜，才能正常生长。4月中下旬陆续萌芽抽枝，需及时做好抹芽，一般留2～3个壮芽，其余抹除。株高60厘米摘心打顶；早春花谢后，应从地面50厘米以上平茬，以促使萌发更多的新枝。银柳抗病性较强，但6～7月为叶螨发生高峰期，可用1.8%齐螨素2 500倍液喷雾进行防治，效果较好。

妙用

银柳寓意团聚、吉祥、财源茂盛。在园林中常配池畔、河岸、湖滨、堤防绿化，其花芽洁白、素雅清新，十分美观，经人工染成红、绿等多种颜色的花枝可水养，观赏期可达2个月以上，干插则时间更长，既可以单独插瓶，亦可作插花配材。春节之际，选用腊梅、南天竹，三两枝银柳，加上几枝红色的月季花，扎成艳丽的花束，赠送给亲朋好友，既高雅又喜庆；或与腊梅、水仙、南天竹配伍，有非常好的观赏效果。选购花粒饱满，花朵数多，色泽光鲜亮丽，枝干粗壮者为佳。

118. 观果佳卉——火棘

简介

火棘，别名：红果、救军粮、火把果、火焰树、救命根等。火棘单叶互生，呈倒卵形或倒卵状矩圆形，顶端钝圆或微凹，边缘有钝锯齿。复伞房花序，花白色，果为梨果，扁球形，橘红或深红色。花期 4 ～ 5 月，果期 9 ～ 11 月。原产于我国，分布于海拔 700 ～ 2 500 米的山地、河谷、砾滩或岩缝之中，也有自成群落的。本属有 10 多种，中国有 7 种。常见的栽培种有：窄叶火棘、全缘火棘、红圆齿火棘和台湾火棘 4 种。火棘喜阳光，也耐半阴；喜温暖湿润，亦能耐寒，在北方地区露天条件下可安全越冬；其根系发达，抗旱性较强。喜深厚肥沃的土壤，又能耐瘠薄，适应力极强，萌发力强，耐修剪。

养诀

常用播种或扦插法繁殖。播种繁殖：以秋播为好，于 10 月上旬种子成熟后采收，搓去果肉，洗净晾干后即可播下，播前用 0.3% 浓度的赤霉素处理可使种子提早发芽。种子播在苗床或浅盆内，覆土 1 厘米左右，浇透水，保持湿润，在温室中约 40 天可出苗。或将成熟的果实堆放后，阴干沙藏至翌年春播。扦插繁殖：以 7 ～ 8 月雨季扦插成活率较高。插穗选取当年生半木质化的新枝，长 10 ～ 14 厘米，插于苗床，深 6 厘米左右，注意遮阴，保持基质湿润，约一个半月生根。移苗定植宜于秋、冬季或早春进行，需多带宿土，加重修剪，才能提高成活率。

用扦插成活的带土球幼苗上盆，盆土用腐叶土 1 份、园土 1 份、厩肥 1 份或园土 2 份、腐叶土 2 份、河沙 1 份混均配制。栽植时，泥盆底垫铺碎瓦片，以利排水，并施有机肥做基肥。上盆后浇透水，置通风阴凉处，10 天左右后置阳台、晒台等通风光照充足处。夏季高温炎热天气，移到阴凉通风处。霜降后，移入室内置向阳室内光线好的茶几或案头上，以防受冻。生长期间浇水要掌握见干见湿的原则，一般每天浇水一次，春、秋季节 2 ~ 3 天浇一次，保持盆土湿润，在开花期要适当控制浇水，使盆土略偏干，以利着果。施肥可根据不同生长期进行，在早春发芽后，施一次稀薄的尿素溶液；花蕾形成后应停止施用氮肥，盛花期和果实初结时应停止施肥，否则引起落花落果，秋季果实膨大期追施 0.3% 磷酸二氢钾溶液催长，秋末果实成熟期应施氮、钾为主的重肥。冬季休眠期，不宜施肥。生长期间随时进行整形修剪，于花前疏除过密枝、萌蘖枝、细弱枝；对旺盛生长枝短截或摘心；开花坐果后，应把新枝留 2 节摘心，再发再摘，使短枝上多发花序，促其形成结果母枝。开花期火棘花序多密集，花量大，应剪掉一部分，以集中养分利于结果；成熟果实在春节后全部摘除，保存营养，以免影响来年结果。植株生长快速时，2 年内要换一次盆，换盆宜在 3 ~ 4 月份进行。火棘植株愈老，所结果实就愈多。火棘易受天牛、叶螨害虫为害，注意及时防治。

妙用

火棘是极富观赏价值的观叶观果植物。在庭院里常作绿篱，也可在园林四周丛植，还可孤植于草坪、路隅、池畔点缀数丛，也是布置山石美景、切枝插瓶、制作盆景的良材。其果实味道酸甜，能生食，含有淀粉，还可酿制果酒，或磨粉当杂粮食用；根皮含鞣质，可提取栲胶；果实中所含的红色素，可作为优质食品添加剂。根、叶、果均可入药，有行气活血、解热之功效。根活血、调经；叶治痘疮；果消积止痢。此外，火棘对空气中的二氧化硫、氯化氢的抗性较强，可净化室内空气，属优良环保树种之一。

119. 名副其实的——九里香

简介

九里香即月橘，别名：五里气、七里香、千里香、万里香、满山香、过山香、九秋香、九树香等。九里香奇数羽状复叶，小叶互生，3 ~ 9 片，有时退化为 1 片，叶形变化大，由卵形、匙状倒卵形、椭圆形至近似菱形，先端纯或渐尖，全缘，正面深绿色，有光泽，背面浅绿色。伞房花序，顶生或生于上部的叶腋内。花多数，白色，极芳香，花瓣5枚，分离。果卵球或球形，幼时绿色，老时红色。种子1～2粒。花期南方6～9月，北方8～10月，11月至翌年早春果熟。原产亚洲热带及亚热带地区，分布于我国南部至西南部，北方作温室盆栽。同属常见栽培的有：四季九里香，花期较长，除严寒季节外，不断开花；锯齿叶九里香，叶缘有锯齿。按叶型有大叶型和小叶型2种。以小叶型为上品。喜温暖湿润气候，要求阳光充足，土层深厚、肥沃、有机质丰富、排水良好的中性或微酸性的砂质土壤。不耐寒，稍耐阴和干旱。

养诀

九里香用播种和高压法繁殖。播种繁殖：秋季种子成熟后随采随播，出芽率较高，或采收种子进行沙藏，待翌年春季播种。播后保持湿润，20～30天可发芽出苗，第二年春季就可定植于庭院或花盆中，一般3年就可见花。扦插繁殖：春、秋两季均可进行。选1～2年生健壮带踵扦插，插条长20厘米，扦插基质以蛭石、沙和珍珠岩混合为好，或素沙中，避光保湿，如用ABT-1生根粉或吲哚丁酸速浸，成活率可提高，经2个多月即可生根。高

压繁殖：宜在5～8月进行，选用强健枝条，在节下部刻伤，包上苔藓等保湿材料，然后扎好，50～60天可生根，按生根情况分批剪离母株，上盆或地栽。一般4～5月上盆，盆土要求透气性好、排水良好，以塘泥：泥炭：河沙为5：4：1混合配制，或用山泥加沙及少量骨粉，底部放10厘米碎瓦片或炉渣，以利排水，上盆宜用浅长盆，浇透水后放阴处，以后逐渐加大光照。浇水不能太多，以防烂根死亡。浇水时宁干勿湿，但浇时一定要浇透。夏季高温干燥，除勤喷叶面水，还应避免烈日暴晒，放在半阴处，上盖遮阳网。防止灼伤叶片。生长期间每月追肥一次，肥料以磷、钾肥为主，不要偏施氮肥。10月下旬入室，室温保持在8℃左右为宜，不得低于5℃，也不能高于15℃。4月中旬出房后多见阳光，并施腐熟的饼肥液。4～5月或9～10月对过密枝、徒长枝、枯老枝进行整形修枝。每1～2年于早春叶芽萌动之前翻盆一次，换土时，应施腐熟饼肥骨粉在底部，上盖培养土。

妙用

九里香多作盆花观赏，是庭院、阳台、居室、厅堂的优良香花植物。还可净化室内空气。在华南地区可作园林、庭院花坛、花篱及楼台亭阁前的绿化、美化，或列植、丛植于建筑物周围都十分适宜。九里香以根、枝叶和花入药。有镇惊、麻醉、解毒、消肿、祛风活络、散淤活血的功效。主治跌打肿痛、风湿骨痛、牙痛、胃痛、破伤风、流行性乙型脑炎、虫蛇咬伤等症。花可提取芳香油，供化妆品等用。

120. 名门望族——梨花

简介

梨花，别名：山樆、玉露、玉乳、蜜父、甘棠、杜梨、快果等。梨花伞状花序，6～9朵簇生于小枝顶端，花梗长，花5瓣，纯白色，少有淡红色，花期4月。果实近球形，9月成熟。梨为梨属植物的统称，有30多个种，分布于世界各地，我国有13种，多为栽培种，可分为中国梨和西洋梨两大类，中国梨又分为秋子梨、沙梨及白梨三大系；西洋梨原产于欧洲。梨在我国不仅品种繁多，有1 000多种，各地都有名种；如：河北泊镇梨、赵州梨、山东莱阳梨、天津鸭梨、辽宁绥中秋白梨、兰州冬果梨、苏皖豫一带的砀山梨等等，且产量仅次于苹果而居亚军。梨喜冷凉干燥气候，抗寒性较强，喜光照充足，耐湿、耐旱，不怕盐碱和水涝。对土壤要求不严，在平原、沙滩、盐碱低洼地带均可种植，但以肥沃、湿润、排水性能良好的砂质土壤为好。花期忌阴雨与寒冷。

养诀

繁殖可采用播种、分蘖及嫁接方法，对于野生性状较强如杜梨可采用播种及分蘖法进行繁殖，对优质梨如莱阳梨可用杜梨做砧木进行嫁接繁殖。多用嫁接法，极易成活。嫁接于11月下旬至翌年2月，砧木为山上采挖1～2年生无病虫害的野生杜梨根或当年生的幼苗。用劈接法或切接法，把采回的根截成15厘米长，把幼苗从地茎以上2～3厘米短截，截后埋在湿沙内，沙的湿度为手握成团，待第二年春季萌芽前移栽。栽植前，翻松土壤，施足基肥，以有机肥为主。要及时施花前肥、保果肥、壮果肥、采后肥，以施尿素、硫酸铵、腐熟的人畜粪尿等速效氮、磷肥为主。干旱时要浇1～2次透水，莳养中及时松土保墒，清除杂草和除萌蘖等。幼树着重于整形，多为自然开心形。成年株要经常修剪，剪去徒长枝、过密枝、病虫害衰老枝。要注意预防风害和锈病、白粉病、介壳虫、蚜虫、金龟子等病虫害。

妙用

梨花在我国是纯洁高雅、吉祥的花卉。是园林、庭院很好的观赏花木，又是果树，可孤植、丛林，村间可在屋前宅房种植。梨树先花后叶，或花叶同出，花可赏，果可生食，脆嫩多汁，香甜可口，又可加工制梨干、梨脯、梨酱、梨膏、梨汁、梨罐头，亦可酿成梨酒、梨醋。除此，花、果、叶、果皮、枝、根都能入药。花除做菜吃，还能润肺、化痰、止咳、解酒、美容。果实有生津止渴、清热降火、润肺止咳、养血生肌之功。叶可治食物中毒、小儿疝气等症。梨皮泡茶可解暑止咳。梨树枝煮汁可治腹泻。梨树根也能治疝气和止咳。

121. 镇宅之宝——金琥

简介

金琥，别名：象牙球、金琥仙人球。金琥球顶密被金黄色棉毛，具 21 ~ 37 条棱角，刺座很大，密生金黄色硬刺，后变褐，辐射状周刺 8 ~ 10 根，中刺 3 ~ 4 根，较粗，稍弯曲。6 ~ 10 月开花，花生于球顶部棉毛丛中，钟形，黄色，花筒被尖鳞片。果实圆形或长圆形，被鳞片及棉毛。种子淡褐色，每果具种子百余粒。原产于墨西哥沙漠地区，为该属仙人掌强刺球类的代表种，寿命可达百年。中国南北方均有栽培。品种有白刺金琥、狂刺金琥、裸琥、怒琥及金琥锦，同属种类有大金琥、岩、春雷和鬼头球等。性喜暖、喜阳、喜干燥、通风良好，畏寒，忌湿，喜疏松、肥沃、透气性好的石灰质土壤，生长适温 20 ~ 30℃，冬季室温白天要保持 20℃以上，夜间温度不得低于 10℃。温度过低易根腐，但温度过高，易受介壳虫为害。

养诀

播种繁殖：种子多进口。若有大型球雌蕊柱头上出现丝毛分泌黏液，将开裂的花粉粒授粉，授粉后母本不要移动，忌将水溅到花上。待种子成熟后，经消毒后盆播，保持在生长适宜的温度范围，种子发芽率高，播后 20 ~ 25 天发芽。出苗容易，但形成大球需要 10 ~ 20 年，以扦插、嫁接繁殖为主。生长季节之初切除球体的顶部，促使产生子球，待子球长到 1 厘米时，切下，扦插于沙床中，不需浇水，稍微喷雾供水即可；或嫁接在长 30 ~ 40 厘米粗壮的量天尺砧木，嫁接后放在半封闭的高湿条件下培养，当球体 8 ~ 10 厘米大时蹲盆发根，当年换上较肥沃的培养土，以后每年翻盆一次，茎径 20 厘米以上时，隔年翻盆一次。当嫁接金琥长大而砧木不能支撑时，可切下连带 3 ~ 5 厘米的砧木一起重新扦插，易生根。盆土可用腐叶土 7 份、粗沙 3 份加少量腐熟骨粉和草木灰。盆钵用较浅的花盆，底部铺层碎砖料或碎贝壳作排水物。莳养中注意通风及阳光充足，夏季应稍遮阴，以遮光 30%左右，冬季置于光照明亮处，室温不得低于 8℃，并每隔数天转动花盆一次，使球体四面受光均匀。忌置光照不足，否则球体伸长，严重变形，失去观赏价值。春、秋季为生长旺季，对水分需求不高，浇水掌握干透浇透的原则，浇水应避免从球体上部浇水，刺色遇水易失去金光灿烂的黄色。生长期内，每月施 1 ~ 2 次氮、磷、钾的稀薄液肥。盛夏高温，处于休眠期，应控水、停肥，待秋凉后方可恢复正常管理。入冬后停水，保持盆土干燥。每年换盆时剪去残根，促进新根生长。夏季湿热天气、通风不良易受红蜘蛛、介壳虫、白粉虱等害虫为害。可用 40%乐果防治红蜘蛛、白粉虱，介壳虫可用 40%速蚧克乳油 1 500 倍液，或 48%乐斯本 1 200 倍液防治。

妙用

金琥球体大而碧绿，密布金黄色的硬刺，极具观赏性。华南地区民间风俗，喜欢将寿命可达数百年的金琥摆在客厅里，认为有镇宅、辟邪的寓意。大型盆栽，可点缀商场、宾馆等公共场所；小型盆栽置案几、书桌、窗台等处观赏。夜间还会吸收二氧化碳，释放氧气；对二氧化硫、氯气、氯化氢的抗性较强，还能吸收在房屋装修过程中产生的甲醛、乙醚等有害气体，还能吸收电脑辐射及对空气中的细菌也有良好的抑制作用。

122. 室内摆设佳品——海芋

简介

海芋，别名：滴水观音、野芋、天芋、天荷、观音莲、羞天草、广东狼毒、山芋、象耳芋、滴水莲等。海芋叶大，卵状阔箭形，叶柄长达1米以上。佛焰苞为黄绿色，春、夏季开花，肉穗花序，似根棒状。果红色，短卵状。当土壤含水量及空气湿度大时，会从叶尖或边缘向下滴水。原产于我国热带、亚热带地区。分布于广东、广西、云南、福建、台湾及湖南、四川、贵州等省区。多生于海拔200～1 100米热带雨林及野芭蕉林中、林间溪涧旁的阴湿地。同属植物60～70种，常见栽培的种类有：斑叶海芋、尖尾芋、霸王芋、龟甲芋等。喜温暖、湿润、半阴环境。不耐寒，怕干旱，畏烈日。生长适温为25～30℃，冬季温度不得低于15℃。对土壤要求不严，以肥沃、疏松和排水良好的砂质壤土为宜。

养诀

海芋采用播种、分株和扦插法繁殖。播种繁殖：秋后果熟，随采随播。露地条播或点播。覆层薄土，用细眼喷壶喷水，盖上遮阳网。育苗期间，保持土壤湿润，不能过干过湿，出苗后除去遮阳网，3～4片真叶时可定植。也可晾干储藏，翌年春再播种。分株繁殖：于4～5月，将植株基部萌生的具有3～4片真叶幼株连根茎割下，切口处涂上草木灰直接盆栽，保持盆土湿润。扦插繁殖：春季切取多年健壮的茎干作为插穗，长10厘米左右，直接插于盆土中或扦插在插床上，待长至3～4片真叶后移栽于田园。组织培养法繁殖：通过叶片、叶柄、根和花序产生愈伤组织，再诱导不定芽快速繁殖。海芋盆栽管理简单，每年早春或秋季换一次盆。盆土选用腐叶土、泥炭土和粗沙混合。4 ~ 5 月将小苗移入盆中，浇透水置阴凉处约 1 周。为保持叶片油绿，春、秋季摆放在阳台或庭院遮阴处培养，夏季置于室内通风良好朝北窗台上，冬季放室内朝南窗台上。生长季节应补水，常保持盆土湿润，同时常向周围地面上洒水，增加空气湿度，并用细眼喷壶喷雾清洗叶片。冬季减少浇水，防止烂根。生长季节还需每月施 1 ~ 2 次以氮肥为主并混以磷、钾肥的稀薄液肥。冬季半休眠时停止施肥。为让海芋长得小巧玲珑，在苗高 30 厘米左右时，用 2% 多效唑溶液喷洒全株，则长出的茎叶均不会高于 40 厘米，以后每半年喷一次，可起到良好的控高作用。

家庭可采用水培养育，选用海芋根部的分蘖苗，挖出后洗净根部，1 周左右即可长出新根。水培初期每天换水一次，生根后每周换水一次。海芋生长快，需要的养分较多，生长季节要进行叶面根外追肥，以补充养分的不足，并注意平时多向枝叶喷水保湿，以免水分蒸发过快而导致植株萎蔫。海芋植株基部常会生出许多小苗，可将其洗净后视大小选择合适的器皿水培。

妙用

海芋为优良室内大型观叶植物。因其叶片大，蒸腾作用强，可增加室内空气湿度，还可清除因房屋装修残留的有害气体，如苯、甲醛等，可起到净化空气的作用。此外，大型盆栽，在温、热带地区可露地栽种于花园、校园、工厂机关绿地、庭院花径两旁。花坛、花境、花槽之中，可以片植、丛植或列植。小型盆栽点缀居室、书房、门庭，装饰效果极佳。海芋根茎可入药，性温、味辛、有毒。有消热解毒、拔毒、散结以及去腐生肌的作用。《本草纲目》称其“治疟瘴，毒肿，风癞”。但应注意，海芋茎叶内的汁液有毒，不可误食，或碰到眼中，否则出现肿、痛、麻，十分难受，严重时有生命危险。

123. 鲜花陪衬者——肾蕨

简介

肾蕨，别名：蜈蚣草、圆羊齿、篦子草、石黄皮、排草、野鸡毛山草等。肾蕨叶簇生，无毛，叶片披针形，一回羽状，羽片无柄，基部圆形，其上方呈耳形。孢子囊群生于叶背面侧脉的小脉顶端，在中脉两旁各成一行，囊群盖肾形。原产于热带、亚热带地区。我国的福建、广东、台湾、广西、云南、浙江等都有野生分布，常见于溪边林中或岩石缝内或附生于树木上，野外多成片分布。生长方式有地生型和附生型两种类型。同属植物30余种，其中绝大多数都可以用于观赏栽培。常见品种有达菲、普卢莫萨。同属观赏种有碎叶肾蕨又叫高大肾蕨，其栽培品种有亚特兰大、科迪塔斯、小琳达、马里萨、梅菲斯、皱叶肾蕨、迷你皱叶肾蕨、佛罗里达皱叶，其中波士顿肾蕨、长叶蜈蚣草和长叶肾蕨最为著名。性喜温暖、湿润和半阴环境。不耐寒、不耐旱，忌强光直射，耐阴性强，较耐水湿，喜较高的土壤湿度和空气湿度。生长适温15 ~ 25℃，冬季温度不得低于8℃。适宜生长在疏松肥沃、透气、排水良好的中性或微酸性土壤中。自然萌发力强。

养诀

肾蕨采用孢子、分株和组培法繁殖。孢子繁殖：肾蕨的叶背上着生有条线状孢子囊，其孢子春、夏季成熟。未熟时，用塑料袋套于叶片，待孢子成熟散落后，收集孢子。播种基质为水苔或消毒过的腐叶土，繁殖盆内基质先用浸盆法浇水，然后将孢子均匀地撒于表面，不用覆土，用报纸或玻璃盖好盆，置于避光阴湿处，保持20 ~ 25℃并常喷雾保湿，空气湿度应不低于90%，盆土表面发白时要及时浸水补充水分。1个月后，孢子即可发芽长出小苗，当小苗长至1 ~ 2厘米高时，可分栽于盆内培育。分株繁殖：春、秋季（15 ~ 20℃）适宜分株。选健壮、生长茂盛植株，脱盆将株丛用手轻轻撕开，或分割带根的盾状幼叶，另行上盆，每盆浅栽2～3丛，栽后放庇荫处，并浇足水保持潮湿。经1～2个月培养，即可长出新的羽状叶片，再放入半阴处养护。组培繁殖：以孢子或根状茎尖为外植体，接种于人工培养基上，诱导形成新植株。肾蕨地栽、盆栽均宜。地栽：土壤要疏松肥沃，作畦栽植。每平方米栽36～48株，生长期保持较高的空气湿度。夏、秋季高温、干燥，除遮阳外，每天早晚喷雾数次，并注意通风。生长期每半月施肥一次，及时清除枯叶和断叶。盆栽：盆土一般用腐叶土或泥炭土、培养土或粗沙混合，加少量骨粉、蛋壳粉；吊篮栽培用腐叶土和蛭石等量混合，亦可加些水苔、泥炭藓等。宜选用较小、较浅的花盆，以浅色或白色为好。盆底多垫碎瓦片，利排水透气。肾蕨较耐阴，夏季要避免阳光直射，置室内散射光处，春、秋两季可在早晚略微照光，冬季置于窗前见光处。肾蕨虽耐旱，但栽培中应常保持土壤湿润及常喷水增湿，特别是高温干燥季节需保持较高的空气湿度。浇水不宜太多，否则叶片易枯黄脱落。冬季应减少浇水，以保持盆土不干为宜。吊钵栽培时要多喷水，多根外追肥和修剪调整株态，注意通风。生长期间每半个月施一次稀薄的腐熟饼肥，每月向叶面喷施一次硫酸亚铁，使植株叶色翠绿，生长旺盛。偶尔会受到蚜虫和红蜘蛛为害，可用40%氧化乐果乳油1 000倍液喷洒防治。

妙用

肾蕨种类繁多，是当今国内外栽培应用最广泛的观赏蕨类，特别是波士顿蕨，对环境的适应性很强，自阴暗至全阳，自潮湿至干旱均可良好生长，无论是室内盆栽还是露地栽培均可。适宜作中型盆栽，可用于客厅、办公室和卧室的美化布置，用于点缀书桌、茶几、窗台和阳台等，能够给室内环境带来清新的自然气息，增添绿意。且对有害气体有较强的吸收和净化能力，可吸收甲醛、二甲苯、甲苯、一氧化碳及甲烷等有毒气体。肾蕨的叶又是优良的插花材料，常作为衬叶，可和多种观花花材搭配，制作成各种花束、花篮、胸花等插花艺术品。近年来，欧美及日本等国将肾蕨加工成干叶并染色，已成为新型的插花材料。肾蕨地下块茎可入药，中药中称为马骝卵，可治感冒、咳嗽、肠炎、痢疾、烫伤、刀伤等。

李文宾提供

本书图片除署名外均由作者提供

图书在版编目（CIP）数据

健康花草家用宝典/陈裕，罗小正编著. －北京：农村读物出版社，2010.6

ISBN 978-7-5048-5340-0

Ⅰ. ①健… Ⅱ. ①陈… Ⅲ. ①观赏园艺－图集－ Ⅳ. ①S68-64

中国版本图书馆CIP数据核字（2010）第084340号

责任编辑 杨桂华

出　　版 农村读物出版社（北京市朝阳区农展馆北路2号 100125）

发　　行 新华书店北京发行所

印　　刷 中国农业出版社印刷厂

开　　本 700mm × 1000mm 1/16

印　　张 15.25

字　　数 280千

版　　次 2011年1月第1版　　2011年1月第1次印刷

印　　数 1～6 000册

定　　价 39.80元
